# 中英文录入技术（第三版）

中等职业教育计算机专业系列教材编委会

总主编　张小毅
主　编　李　立
编　者（以姓氏笔画为序）
祝　楠　吕　军

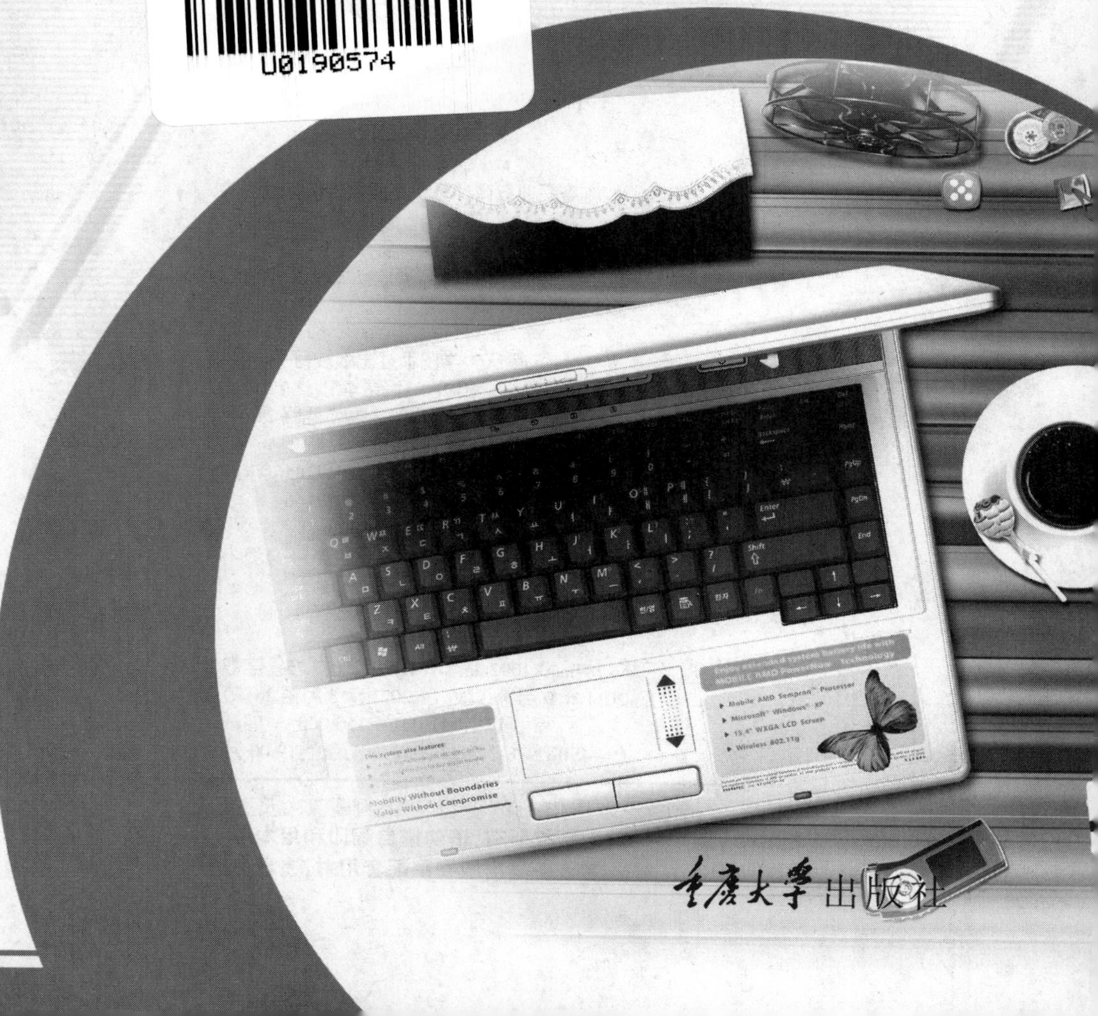

重庆大学出版社

## 内容提要

中英文录入技术是中等职业教育计算机专业主要的专业技能课程。长期以来，由于中英文录入训练枯燥、强度高，特别是“五笔字型汉字输入法”的记忆量较大，造成学生学习中的畏难情绪，录入训练的积极性和训练效率普遍偏低。本教材的编写以新课程改革中的教育思想和教学方法为指导，综合作者多年的教学实践经验，展现了教材结构的改革，加强了师生互动，注重学生学习兴趣的培养和科学训练，使其成为与行业要求接轨的互动式教材。教材主要包括7个模块，它们分别是：文字录入的平台和方法、认识键盘、认识笔画和字根、单根字的输入、合体字的输入、词组的输入和行业要求。本教材适用于中等职业教育计算机专业，也适用于中等职业教育其他专业的计算机公共课和学习中英文录入技术的人员使用。

本教材将配套资料光盘，光盘中包括多种中英文训练和考核工具软件，以及训练用的相关文本资料，可供教师和学生选购。

**图书在版编目(CIP)数据**

中英文录入技术/李立主编. —3版. —重庆：重庆大学出版社，2011.9(2021.8重印)
中等职业教育计算机专业系列教材
ISBN 978-7-5624-2932-6

Ⅰ.①中…　Ⅱ.①李…　Ⅲ.①文字处理—中等专业学校—教材　Ⅳ.①TP391.1

中国版本图书馆CIP数据核字(2011)第178794号

中等职业教育计算机专业系列教材
**中英文录入技术**
(第三版)
中等职业教育计算机专业系列教材编委会
总主编　张小毅
主　编　李　立
责任编辑：李长惠　王　研　　版式设计：迪　美
责任校对：邹　忌　　责任印制：赵　晟
*
重庆大学出版社出版发行
出版人：饶帮华
社址：重庆市沙坪坝区大学城西路21号
邮编：401331
电话：(023) 88617190　88617185(中小学)
传真：(023) 88617186　88617166
网址：http://www.cqup.com.cn
邮箱：fxk@cqup.com.cn (营销中心)
全国新华书店经销
重庆升光电力印务有限公司印刷
*
开本：787mm×1092mm　1/16　印张：7.75　字数：193千
2011年9月第3版　2021年8月第26次印刷
印数：151 001—156 000
ISBN 978-7-5624-2932-6　定价：19.00元

# 序言 Xuyan

随着科学技术与现代社会的发展和信息时代的到来，重视计算机知识和技术的学习非常重要，因为计算机技术已成为当代新技术革命的前锋，广泛应用于国民经济各个领域，对我们的工作、学习和社会生活等各个方面产生了巨大影响。推动计算机技术的应用和发展，是教育与现代科学技术接轨的重要途径，是培养高素质劳动者的重要手段，也是计算机教育工作者的重要使命。

中等职业教育的发展，为国家培养和输送了大批计算机应用型技术的专业人才，深受各行各业的欢迎，产生了较好的社会影响。为适应计算机科学和技术的发展和应用的需要，适应计算机技术对操作型人才的新要求，适应中等职业教育对人才培养的专业化及规范化的新要求，在市教委、市教科所的领导下，市计算机中心教研组组织从教多年并具有丰富教学经验的教师和专家，编写了这套中等职业教育计算机专业系列教材。

本套教材是根据社会对中等职业教育人才培养的需要，严格按照计算机专业教学计划和大纲的要求，结合中等职业教育注重能力训练的特点而编写的。本套教材编写的原则是拓宽基础，突出应用，注重发展。既照顾当前教学的实际，又考虑未来发展的需要；既加强了对计算机技术通用知识和技术的学习，又注意针对计算机不同工作岗位的职业能力培养。在教材编写中力求做到“精、用、新”，“浅、简、广”，重视反映本专业的新知识、新技术、新方法和新趋势。为适应中等职业教育不同人才目标的培养，本套教材的内容丰富，实用性强，有利于对计算机人才多层次、多规格及不同专门化方向人才的培养需要，适于中等职业教育以及各类计算机技术培训班使用。

本套教材由基础课程和专门化方向课程所构成。基础课程为：计算机基础、操作系统、数据库、C 语言、Internet 技术、录入技术。专门化方向课程涉及计算机的软件应用、硬件维修、网络、图形图像等方面的课程。便于各校根据人才培养的工种方向和学校实际进行选择，以突出中等职业教育对计算机应用技术人才培养的特点，达到人才培养的目标。我们还将根据职业教育发展的要求和教学的需要，加强研究，逐步推出与教材配套的教学目标、教学课件、上机实习手册，以帮助各校完成教学任务，提高教学质量。愿本套教材的推出，为中等职业学校计算机专业教育的发展作出贡献。

**中等职业教育计算机**
**专业系列教材编写组**

# 前言 Qianyan

21世纪把我们带入了信息时代，信息技术正改变着我们的学习、工作和生活方式。在众多的计算机信息采集技术中，键盘输入仍然是最简单、廉价、方便高效的输入手段，它广泛地应用于日常计算机操作和专业的文字录入中。

目前，面对千余种中文输入方法，学习中英文录入的人们常常在抱怨："好学的不快，快的不好学"，特别是学习五笔字型汉字输入法，普遍反映记忆量较大，有一定的学习难度。针对中英文录入学习的难点问题，特别是中等职业教育计算机专业的中英文录入技术课程中的教师教学和学生学习的主要问题，本教材在教材结构和教法、学法上都做了积极的改革和尝试。其主要特色有：

1. **体现新课程改革的教育思想，充分发挥学生的主体作用。**中等职业教育计算机专业的中英文录入技术课程看似简单，很多人把它当作是简单的模仿和高强度的训练，而忽略了知识探究的过程及由此产生的成功和新动力。著名文学家高尔基说过："如果学习只在模仿，那么我们就不会有科学，就不会有技术。"教材采用师生互动模式编写，在教学环节中适时地插入了学生的自主和协作学习活动，让学生在活动中既动脑又动手，鼓励学生积极地探究新知识。

2. **寓教于乐，培养学生的学习兴趣。**爱因斯坦有句名言："兴趣是最好的老师"。教材从知识的多样性和新奇性来吸引学生，在知识介绍上力求抛砖引玉，给师生较大的思考空间，将个人智慧融入集体智慧之中，再将集体智慧共享给每一位学生，充分发挥学生的主观能动性。

3. **直面学生学习中的难点问题。**学生在学习中英文录入技术时，常常会提出"为什么用键盘输入?"，"为什么选五笔字型?"，"怎样记字根分布?"，"怎样提高训练效率?"等问题，教材在各模块中直接把学生关心的问题作为单元问题，在教材中通过详实的资料加以解决，并为问题的进一步扩展和师生的其他解答提供展示的空间。在教材的"技能技巧"板块中，还介绍了编者的学习心得和解决问题的技能技巧。

4. **关注学生的差异。**在本教材的编写中，着重考虑了学生间信息技术能力上的差异，把目标要求的基本任务置于学习活动和训练活动之中，对于能力较强的学生可以学习教材中"课外餐"等部分的内容。

**5. 与行业要求紧密联系。**在教材的第 7 模块中，着重介绍了计算机录入技术的相关行业及行业的具体要求，以利于学生及早确立学习和训练目标，提供就业前的职业指导。

中等职业教育计算机专业的中英文录入技术是一门实践性很强的课程，在教学中一定要注意精讲多练，配合相关的中英文录入训练软件，分层要求、层层把关，才能取得好成绩，适应社会对计算机文字录入的需要。

本教材由李立策划，由李立、祝楠、吕军执笔编写。如果在使用中有什么问题，或者发现有不足之处，请及时与出版社或编者联系，以便再版时加以改进。

编　者

2011 年 7 月

# 目录 mulu

## 模块一 汉字录入的平台和方法

## 模块二 认识键盘



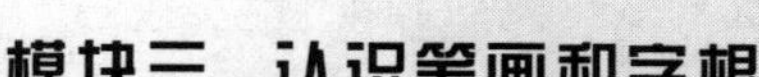

## 模块三 认识笔画和字根



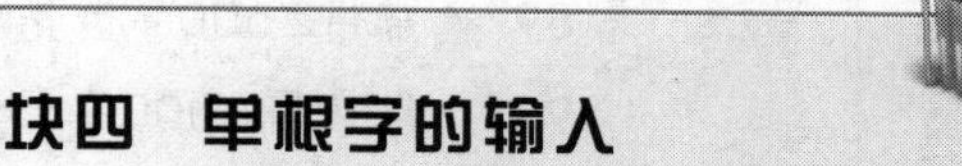

## 模块四 单根字的输入

## 模块五　合体字的输入



## 模块六　词组的输入

## 模块七　行业要求



## 附录

# 模块一 Mokuaiyi

## 汉字录入的平台和方法

**单元问题**

- 为什么要选择键盘录入方式？
- 常见的汉字输入方法有哪些？
- 五笔字型汉字输入法有何特点？
- 汉字录入的原理是什么？
- 汉字录入与字集有关吗？
- 怎样创建一种新的汉字输入方法？

〔目标〕

- 了解键盘录入的必要性
- 掌握五笔字型汉字输入法的特点
- 了解汉字输入的原理

# 任务一　认识计算机文字录入的方式



从电子计算机的诞生到现在，文字（含数字）一直是最基本的计算机数据之一。在广泛应用计算机技术的办公、新闻、出版、证券、银行、税务和网络等行业中，每天要处理大量的文字信息，文字的录入显得十分重要。目前，主要的文字录入方法有键盘输入、语音输入、扫描输入和手写输入，等等。在人们操作计算机时，首先要解决的就是文字输入问题，那么怎样选择文字输入方式和汉字输入方法呢？

**一、键盘输入**

键盘（图 1.1）作为计算机的标准输入设备，它一直是计算机不可缺少的外设。在文字输入时，文字中的英文、数字和一些特殊字符可以直接敲击相应键输入，文字中的汉字则需要编码输入，汉字的编码一般是由英文字母和数字组成，汉字的编码输入是使用汉字输入软件来实现的。据统计，采用键盘输入文字时，英文的输入速度可以达到 300 字符/分，汉字的输入速度也能够达到 260 字/分，从而完全能够适应口头叙述的语速。

图 1.1

键盘输入的特点是设备需求少，输入方便、快捷，但一般都需要一段时间的学习和训练才能很好地掌握它。

## 二、语音输入

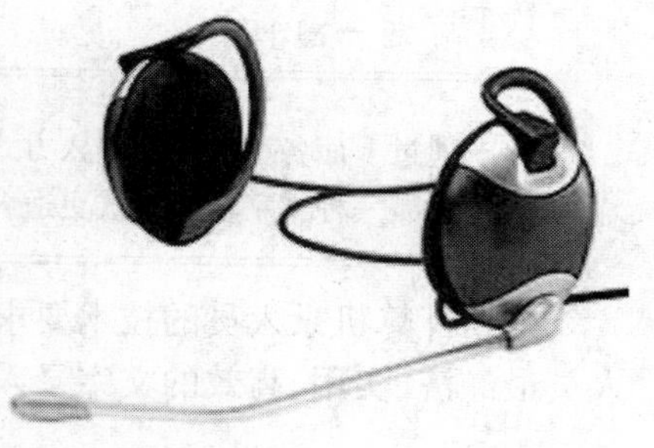

图 1.2

语音输入系统由声卡、麦克风和语音识别软件三部分组成。在计算机普遍多媒体化和普通话日益普及的今天，语音输入已成为比较高效的文字录入方式。目前，声卡和耳麦(图 1.2)已经成为多媒体计算机的标准配置，而语音识别软件也得到了广泛的认可和应用。例如，IBM 公司的 Via Voice 输入系统。使用语音输入方式，如果用户的普通话比较标准，一般经过一段时间的训练，可以达到 200 字/分以上，正确率可达到 90% 以上。

语音输入的优点是几乎不动手只动口(会朗读文字)即可，但它受到个人汉字发音和同音字的制约，其错误率一般比键盘输入高。

## 三、扫描输入

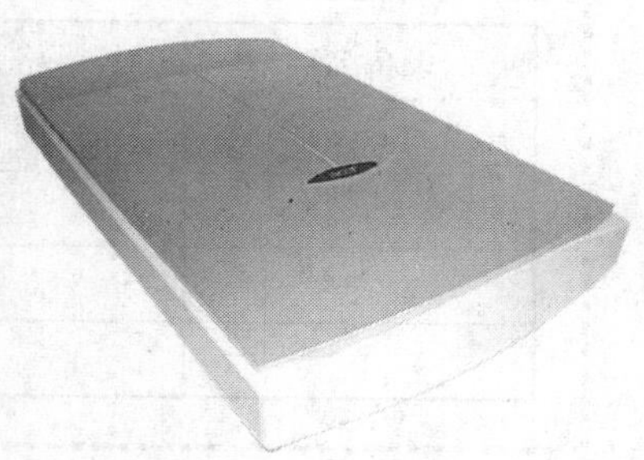

图 1.3

扫描输入系统是由扫描仪(图 1.3)和文字识别软件(即 OCR 系统，Optical Character Recognition，光学字符识别)两部分组成。

扫描输入的文字输入速度和正确率都是各种文字输入法中最高的。例如，清华文通 TH-OCR 系统。在印刷品品质较高时，其识别率可达到 98% 以上。扫描输入的不足是它的识别质量受到原印刷品的品质限制，即它需要清晰的文字资料(印刷品)原稿，毕竟巧妇也难为无米之炊。此外，还需要添置一台扫描仪设备。

## 四、手写输入

图 1.4

手写输入主要是由书写板(图 1.4)和手写识别软件两部分组成。目前，手写输入已普遍在掌上型电脑(PDA)和台式机等平台上使用。台式机上主要使用的品种有蒙恬笔、汉王笔、紫光笔、慧笔、联想笔，等等。手写输入一般不须专门学习和训练，它除了手写输入汉字外，一般还具有签名、绘图、保留手迹、替代鼠标等功能，目前其工整书写、连笔、倒插笔识别率均能达到 99% 以上。

手写输入使用方便、识别率也比较高，然而它缺乏键盘输入中的词组输入，只能逐字输入文字。试一试，你 1 分钟能在手写板上(或屏幕上)写出多少个汉字呢？显然它的文字输入速度不可能满足计算机录入员的要求。

〔想一想〕

通过上面各种文字的输入方式的方便性、高效性、经济性和实用性等方面的对比介绍，你认为哪一种文字输入方式更适合你呢？

根据计算机录入员的技术要求和工作的实际情况，应该说目前键盘输入仍然是录入人员最经济、实用、高效的文字录入方式。

〔试一试〕

在电脑城（或互联网）中，搜集各种汉字输入的相关设备的资料，了解其基本指标和功能。尽可能亲自动手试一试，谈谈自己的体会，并填写下表：

| 设备名称 | 规　格 | 主要功能及性能指标 | 试用感言 |
|---|---|---|---|
| | | | |
| | | | |
| | | | |
| | | | |

# 任务二　认识汉字编码方法

## 一、常用汉字输入方法

汉字输入方法的核心是建立汉字编码方案。时至今日，汉字编码方案层出不穷。据统计，比较完整的编码方案近千种，已经申请到专利的超过 400 种，已经制成计算机软件上机运行的有 100 余种。汉字的编码一般是根据汉字的音、形、义的特点来编码的，各种汉字输入法各有各的特点，各有各的优点和不足，人们常常有这样的感慨："好学的不快，快的不好学"。目前的汉字编码方案主要可以分为以下几类：

（1）整字编码

整字编码即是以整字为单位进行编码，一般每个汉字唯有一个编码，所以重码率几乎为零，其缺点是记忆量非常大。常见的整字编码有区位码、电报码等。

这种方法适用于某些专业人员，如电报员、通讯员等。在日常汉字输入时，这类输入法只是作为一种辅助输入方法。例如，在高考或自学考试的报名表中，考生姓名和地址填写是将汉字转换为了区位码的数字编码（如"李"字的区位码是"3278"），通过读卡机和考试管理程序将编码自动登录为汉字。

(2)音码

音码是根据汉语拼音为汉字编码并输入汉字的。只要会汉语拼音,一般不需要学习和特殊的记忆,就可以输入汉字。拼音输入法常用的有全拼、全拼双音、双拼双音和自然码,等等。由于汉字的同音字较多,使得拼音输入法重码率高,不适合于盲打,此外它对用户的发音要求也较高,并且还存在难于处理不认识的生字等不足。近年来,拼音输入法有了一些改进,增加了模糊音、自动造词、"以词输入"和"以句输入"等智能化处理,提高了输入效率,使得新的拼音输入法输入速度得到了大幅度的提高。智能拼音主要有微软拼音、智能 ABC、智能狂拼、紫光拼音,等等。

音码输入方法不适合专业的录入员,而非常适合普通的计算机操作者。

(3)形码

形码是根据汉字的字形特征来为汉字编码并输入汉字的。人们经常说到的"木子"李、"古月"胡、"阝东"陈,等等,它说明了汉字是由许多相对独立的基本部件组成的,这里的"木"、"子"、"古"、"月"、"阝"、"东"等组字的部件,在汉字编码中称为字根。形码输入法一般都具有重码少、输入效率高的特点,避免了生字和同音字困扰,但形码的输入规则比较复杂,键盘与字根的对应关系不易掌握,学习起来也比较困难。最常用的形码有五笔字型、表形码、郑码、仓颉码,等等。

形码输入方法非常适合专业录入员的高速盲打。由于形码学习的记忆量和训练量都较大,初学者易产生畏难情绪。然而,形码的学习是一劳永逸的,它的编码和训练也是有规律可循的,只要使用正确的学习方法,提高录入训练的趣味性和实效性,就可以完全掌握它。

(4)音形码

音形码同时参考了汉字字音和字形的特点,是将两者结合起来编码的产物。这类输入法综合了音码和形码的优点,一般比较容易学,重码率也比较低,输入速度较快。缺点是汉字编码时既要考虑字音又要考虑字形上的拆分,同拼音输入法一样不能输入不认识或读音不准确的字。常见的音形码有两笔和丁码等。

音形码输入方法适合于对打字速度有一定要求的非专业打字人员使用,如记者和作家等。

总的来看,汉字编码仍然是百家争鸣的局面,汉字编码技术正逐步向简便易学、实用高效和智能化处理的方向发展。每一位计算机用户一般应学会一两种汉字输入方法,作为专业的文字录入员应该选择重码率低、速度快捷的汉字输入方法。

在你熟悉的经常使用计算机的人群中,调查一下他们都使用什么汉字输入法,其主要用途和录入速度怎样?

| 调查对象 | 经常使用的输入法 | 文字录入主要用途 | 平均每分钟打字字数 |
| --- | --- | --- | --- |
| | | | |
| | | | |
| | | | |

### 二、五笔字型汉字输入法简介

五笔字型汉字输入法属于形码，是20世纪80年代初由王永民教授主持研究开发的。它是将汉字按笔画或字根进行拆分，并按对应字母键进行编码输入，每一个字词的编码数不超过4个，即是说其码长为4。五笔字型汉字输入法具有重码少、速度快的特点，从20世纪80年代至今一直是国内装机数量最多的汉字输入法，深受专业文字录入员的喜爱。目前，使用较多的五笔字型输入法版本有86版(4.5版)和98版，其中由于86版“先入为主”，它拥有的用户和兼容的软件最多。最近，王码公司推出了最新版本标准五笔字型WB—18030版，它完全兼容86版五笔字型，支持国家颁布的扩展字集GB 18030—2000，可以输入27 533个汉字。

在众多的汉字输入法中，很多汉字输入法的码长是3或者是4，也就是说用该输入法录入汉字时，一个字词最多有3个或者4个编码。

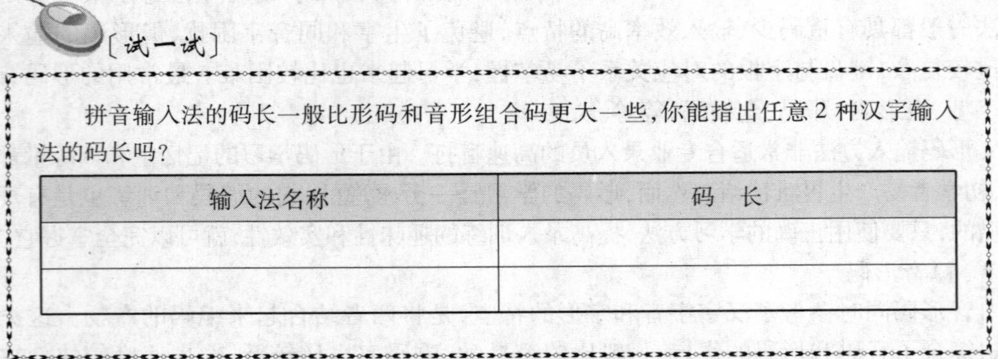

［试一试］

拼音输入法的码长一般比形码和音形组合码更大一些，你能指出任意2种汉字输入法的码长吗？

| 输入法名称 | 码　长 |
| --- | --- |
| | |
| | |

注：本书将主要介绍86版五笔字型汉字输入法，书中未特别标明时均指86版五笔字型汉字输入法(简称为五笔字型)。



## 任务三　在 Windows 系统中增删汉字输入法

### 一、安装86版五笔字型汉字输入软件

86版五笔字型汉字输入法主要分为Windows 9.x版和Windows NT/2000两个版本，用户要根据使用的操作系统平台，选取适合自己的五笔字型版本。具体安装方法是：运行五笔字型的安装文件setup.exe，安装文件将自动完成“输入法”的安装，安装后即可使用五笔字型输入汉字了。

### 二、添加/删除“输入法”

在Windows 9.x系统中，“输入法”的添加、卸载都是通过“输入法”的设置窗口进行的。具体方法为：点击“开始/设置/控制面板”，在打开的窗口中选择“输入法”，双击打开“输入法设置”对话框(图1.5)，选择“添加”按钮，就可以添加“输入法”，选择“输入法”

列表栏中的某个输入法,单击下面的“删除”按钮,即可删除该输入法。

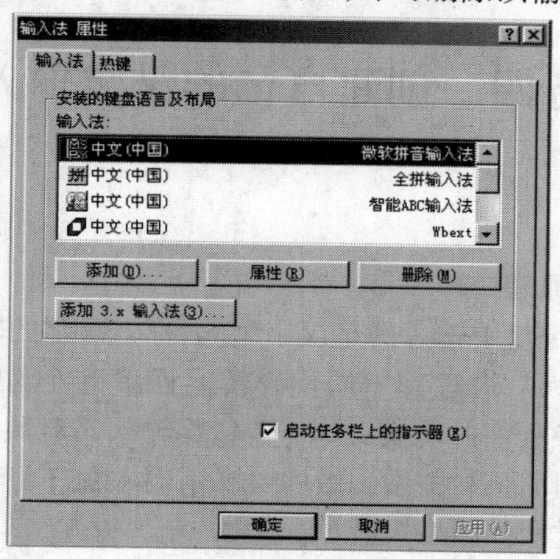


图 1.5

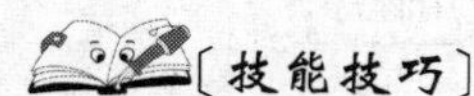
[技能技巧]

(1)删除不常用的输入法

删除不常用的输入法,既可以节约系统资源,又可以加快输入法之间的切换。

(2)调整输入法的顺序

按“Ctrl + Space”键时,启动的汉字输入法是什么呢?它就是排在第一位的汉字输入法,而按“Ctrl + Shift”键时,它将按排列的输入法顺序在各种输入法中切换。怎样把最常用的输入法排在第一位呢?怎样调整输入法的切换顺序呢?

一种简单的方法是:先将排在自己最常用的输入法前面的汉字输入法删除。如果还需要其他的输入法,可以再按你选择输入法的顺序逐个重新安装一次输入法,这样按下“Ctrl + Space”键就可以选择自己最常用的输入法了。

在 Windows 2000/XP 的系统中,输入法的设置方法是:“开始”按钮→“控制面板”→“日期、时间、语言和区域设置”→“区域和语言选项”→“语言”选项卡→“详细信息”按钮,在“已安装的服务”窗口中的“中文→键盘”下设置。当然也可以右击桌面上“语言栏”中的键盘图标,选择“属性”直接进入“文字服务和输入语言”窗口中进行设置。

[试一试]

你还有其他调整“输入法”顺序的方法吗?请将你发现的其他方法记录在下面的表格中:

| 方 法 | 来 源 |
| --- | --- |
| | |

# 任务四　创建自己的汉字输入法

## 一、了解汉字录入的原理

用户输入汉字时，在键盘上输入的是汉字编码，称为汉字的输入码或外码。汉字输入程序从键盘缓冲区取出外码，通过其中的代码转换程序将外码转换成汉字机内码(简称内码)。一般地，代码转换程序的转换工作需要依靠输入码对照表(简称码表)，码表中建立了汉字外码与内码之间的映射关系。最后由汉字输入程序将转换后的内码提供给最终的应用程序。汉字录入过程如图 1.6 所示。

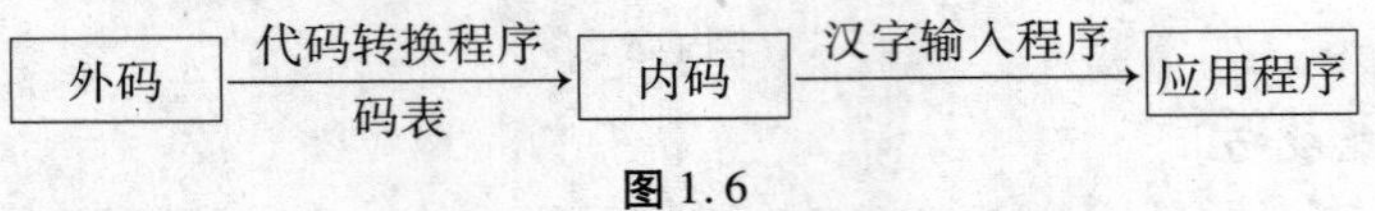


图 1.6

## 二、认识汉字录入与字集的关系

一般地，每一种汉字输入法都是建立在特定的汉字字集基础上的。以五笔字型为例，其中 86 版仅支持 GB 2312—80 字集，该字集中只有 6 763 个字，这使得很多字能编码却不能打出来，如“镕”、“玥”、“喆”等，原因是输入软件中没有这些字的编码。在王码最新的 WB—18030 版中，提供了对国家 GB 18030—2000 的支持，其中包括 GB 2312—80 字集中的 6 763 个简体字、台湾 Big5 字集的 13 053 个繁体字以及大字符集 CJK 的中、日、韩三国20 902个汉字，总共可以打出 27 533 个汉字。





## 三、创建一套适于自己的输入法

一般来说，系统内每一种汉字输入法都有一张输入码对照表。Windows 系统中的码表文件一般具有 2 种形式，即文本格式(. txt)和标准码表格式(. mb)。对于 Windows 系统中已使用的汉字录入法，可以用“附件”中的“输入法生成器”(图 1.7)的逆转化功能，将输入法的码表文件(. mb)逆转换为文本文件(. txt)，再用写字板或记事本打开此文本文件，就可以看到码表文件的格式。

能否通过自制码表文件从而修改输入法呢？答案当然是肯定的。例如，将逆转换得到的文本格式的码表文件进行一些修改后(如添加一些专业词组或不能输入的字)，再次使用“附件”中的“输入法生成器”的“创建输入法”的功能，即可创建出适于自己的输入法。

创建一种好的汉字输入法并不是这样简单。事实上，一种好的汉字输入法的创建，需要发明人对汉字的字形、字音、字义和字词等方面有深入的研究，在此基础上总结出一套简明高效的编码规则，并对字集中所有的汉字和词组进行编码，形成该汉字输入法的码表文件和安装文件。

千里之行始于足下，尽管创建一种新的、优秀的汉字输入法是很困难的，但是只要有信心、有决心，通过坚持不懈的努力就一定会有收获。

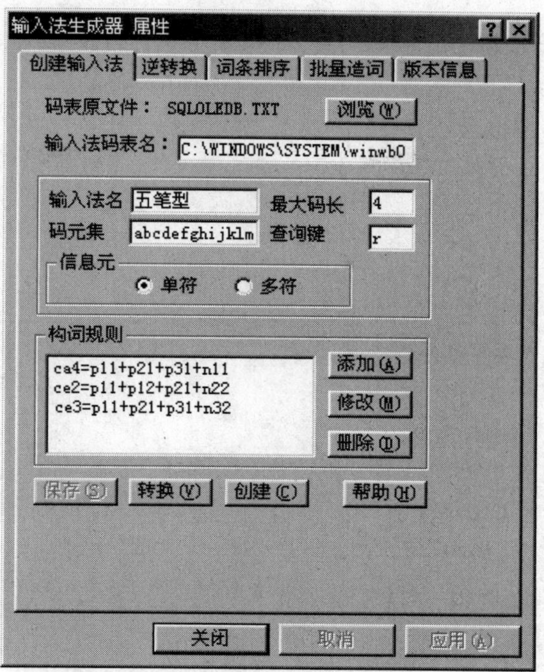
输入法生成器 属性
创建输入法
逆转换
词条排序
批量造词
版本信息
码表原文件：
SQLOLEDB.TXT
浏览(W)
输入法码表名：
C:\WINDOWS\SYSTEM\winwb0
输入法名
五笔型
最大码长
4
码元集
abcdefghijklm
查询键
r
信息元
单符
多符
构词规则
ca4=p11+p21+p31+n11
ce2=p11+p12+p21+n22
ce3=p11+p21+p31+n32
添加(A)
修改(M)
删除(D)
保存(S)
转换(V)
创建(C)
帮助(H)
关闭
取消
应用(A)

图 1.7

# 模块二 Mokuaier

## 认识键盘

**单元问题**

- 常用键盘有多少个键?
- 键盘上的键是如何排放的?
- 正确的击键姿势和指法规则是什么?
- 键盘上字母键的代号是怎样规定的?
- 最适合你录入的键盘是什么样的?

〔目标〕

- 认识键盘键面分布
- 了解特殊键的功能和使用方法
- 掌握键盘指法规则
- 通过训练达到每分钟录入 150 个以上的英文字母
- 通过训练达到每分钟录入 200 个以上的数字(数字键盘)





# 任务一　观察键盘上键的分布规律

## 一、键盘键面分布

目前的标准键盘主要有 104 键和 107 键,104 键盘又称 Windows 95 键盘;107 键盘又称为 Windows 98 键盘,比 104 键多了睡眠、唤醒、开机等电源管理键。如图 2.1 是 Windows 98 环境下常用的键盘,请仔细观察。

图 2.1

(1)数一数图 2.1 所示键盘有多少个键。

(2)按键面上的区域划分,整个键面可以大致分为 4 个区域(图 2.2)。

中英文的文字录入主要是在主键区进行,单纯的数字录入可以在数字键区完成。在人们日常接触的键盘中,键盘的大小、形状都不尽相同,但是其主键区的结构一般都是相似的。主键区主要由 26 个字母键、10 个数字键、标点符号键和控制键等按键组成;数字键区主要由数字键、小数点和加、减、乘、除等按键组成;编辑键区主要由插入、删除和控制光标移动键组成;功能键区主要由 12 个功能键(F1 ~ F12)、Esc 键和计算机系统控制键组成。

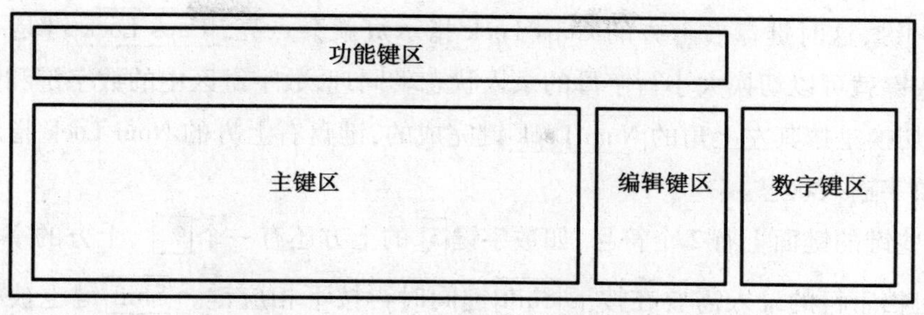


图 2.2

(3)在主键区中,26 个字母键是怎样排列的呢?为什么不按 A~Z 的字母顺序排列呢?

在主键区中的字母键分为上、中、下 3 行,我们一般将其分别称为上档键、中档键和下档键,每行的键位之间约向左上方向有一些错位。字母的排列顺序看上去仿佛有一些杂乱无章,这是因为字母的排列参考了有关机构对英文文章中字母使用频度的统计结果,为了提高字母录入的效率,当然应该将使用频度最高的字母键放在中档键位,其次是上档键位和下档键位。

〔练一练〕

给你 3 分钟的记忆时间,然后把下面的字母键位补充完整。

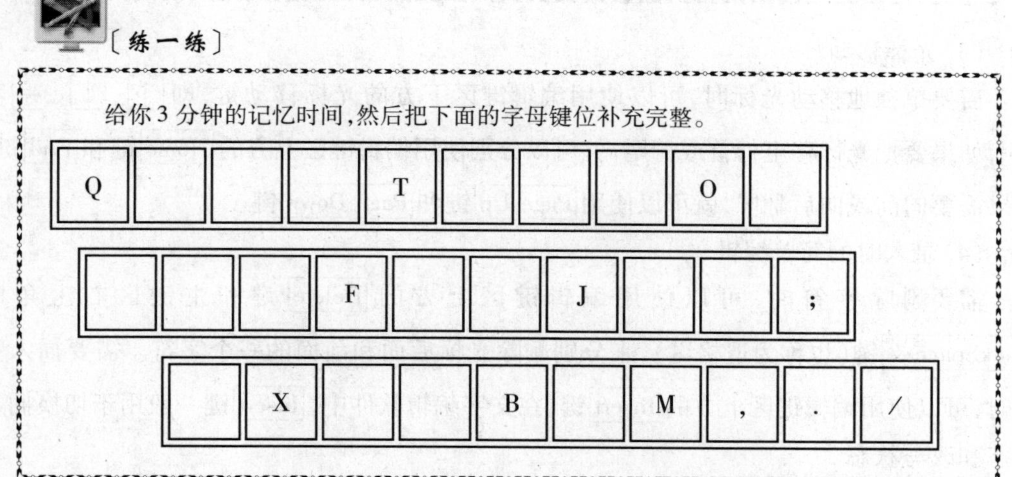


## 二、与文字录入相关的常用键

(1)经常录入的特殊字符

在 2 个字符之间留出一个空白时,可以按主键区下方最长的[          ](空格键),也称为空白键;如果 2 个字符之间留出空白较多,需要上下行对齐时,可以按主键区左边的[Tab]键;如果一个自然段结束,或者需要换行时,可以按主键区右边的[Enter]键,也称为回车键。

(2)录入状态的切换

在录入文稿时,文稿中一般有大写字母和小写字母,文稿中的汉字一般是使用小写字母作为编码输入的,而在主键区中每个字母都只有一个字母键。在默认的开机状态下,一般是小写字母的录入状态,需要录入大写字母时,可以按主键区左边的大小写锁定键

Caps Lock键,这时键盘右上方的 Caps Lock 指示灯就会点亮,Caps Lock键是一个反复键,重复按键就可以切换大小写字母的录入状态。同理,数字键区中的数字键和光标移动键之间的切换是按其左上角的Num Lock键完成的,键盘右上方的 Num Lock 指示灯点亮时,即是数字输入状态。

在一些键的键面上有2个符号,如数字键5 的上方还有一个% ,上方的字符称为上档字符,上档字符的录入需要在按下Shift键同时再按下相应键。Shift键也被称为组合键,这是因为单独按下Shift键不会有任何作用,它必须与其他键同时使用才能发挥作用,这样的键还有Ctrl键和Alt键。在切换大小写字母的录入状态时,也可以同时按下Shift键和相应字母键。

在录入英文文稿和中文文稿时,使用哪一种方法来切换大小写字母的录入状态更好?

(3)光标移动

需要单独地移动光标时,可以使用编辑键区下方的光标移动键,即↑、↓、←和→,如果要把光标移至行首或行尾,就可以分别使用编辑键区上方的Home键和End键,如果需要向前或向后翻屏,就可以使用Page Up键和Page Down键。

(4)录入时的简单编辑

需要删除字符时,可以使用编辑键区上方的Delete键和主键区右上角的BackSpace←键(也称为退格键),来分别删除光标后面和前面的一个字符。需要插入字符时,可以使用编辑键区上方的Insert键,在文字编辑软件中,Insert键一般用于切换插入状态和改写状态。

(5)汉字录入时需使用的键

当录入的汉字有重码字(即编码相同的字)时,一般可以使用数字键来选字。如果重码字较多(超过10个字),一般可以使用 - 键和 + 键进行向前、向后查找。

在录入中文文稿时,中文标点的录入是必不可少的。在标准王码五笔字型86版的状态条 五笔型 中,按钮表示中文输入状态,若要输入英文字母可单击该按钮,使其变为A;输入中文标点时,应将中英文标点按钮设置为按钮。每一种中文输入法都有各自的标点符号与按键的对照表,使用标准王码五笔字型录入中文时,可参照表2.1输入中文标点。

表 2.1　王码五笔字型标点符号与按键的对照表

| 对应键 | 中文标点 | 对应键 | 中文标点 | 对应键 | 中文标点 |
| --- | --- | --- | --- | --- | --- |
| , | ， | Shift + 4 | ￥ | “” | Shift + ' |
| . | 。 | Shift + 6 | …… | ‘’ | ' |
| \ | 、 | Shift + 7 | — | 《〈 | Shift + , |
| Shift + 2 | · | Shift + - | —— | 〉》 | Shift + . |

# 任务二　尝试正确的击键姿势

## 一、基本键位

在录入英文字母时，怎样才能够获得最高的录入速度呢？首先，应该是双手并用；其次，在准备录入时，应该将双手手指轻放在中档键位上，这样可以做到上下兼顾。具体来说，在准备录入时，应该分别将左手的小指、无名指、中指和食指轻放在字母键[A]、[S]、[D]、[F]上，分别将右手的食指、中指、无名指和小指轻放在字母键[J]、[K]、[L]、[;]上，这 8 个键称为基本键位。此外，左、右手的母指应轻放在字母键下方最长的空格键上。基本键位如图 2.3 所示。

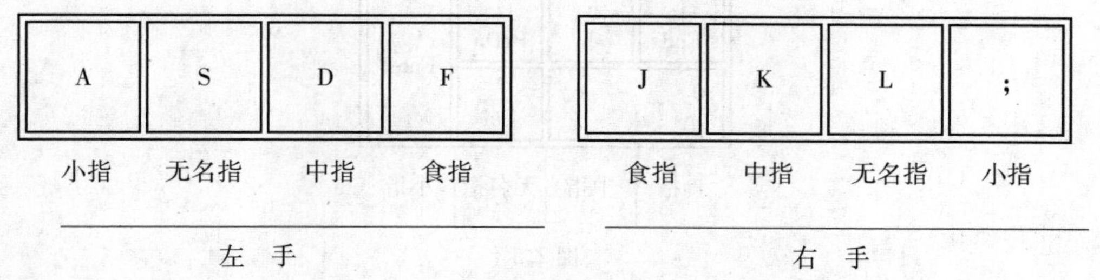


图 2.3

现在你可以用左手的食指和右手的食指分别触摸一下 F 键和 J 键，在这 2 个键上是不是有一个小的凸点？这就是在盲打时，手指返回基本键位的标记。此外，为了更好地适应盲打的需要，双手的手指除基本键位外，还有明确的分工，具体分工如图 2.4 所示。

数字键区的基本键位是用右手的食指、中指和无名指分别轻放在 4，5，6 键上，其中 5 键上有一个小的凸点。数字键区的手指分工如图 2.5 所示：

Q W E R T Y U I O P [ ]

A S D F G H J K L ; ' Enter

Shift Z X C V B N M , . / Shift

小指 无名指 中指 食指 食指 中指 无名指 小指

左手 右手

图 2.4

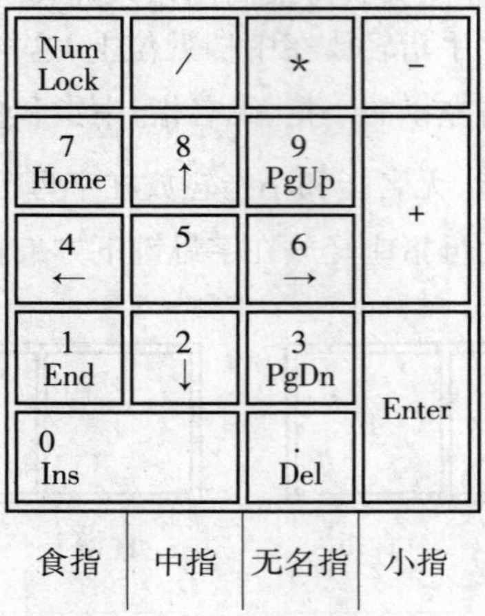

| Num Lock | / | * | - |
| --- | --- | --- | --- |
| 7 Home | 8 ↑ | 9 PgUp | + |
| 4 ← | 5 | 6 → | |
| 1 End | 2 ↓ | 3 PgDn | Enter |
| 0 Ins | | . Del | |

食指 中指 无名指 小指

图 2.5

［试一试］

将双手轻放在字母键（或数字键）的基本键位上，并试着敲击各个按键。

## 二、正确的指法规则

要提高录入训练的效率，尽快提高文字录入速度，除掌握基本键位外，在击键时，还必须遵守录入的指法规则。正确的指法规则是：

- 双手并用，10 个手指各施其位；
- 用指尖垂直于键面敲击，用力不宜过重；
- 击键要敏捷，击键后应将手指迅速弹起；

• 除敲击基本键位外，敲击其他键后应迅速返回基本键位；

• 目光应注视录入的文稿，尽可能不看键盘和屏幕，逐步实现盲打。

**三、保持正确的录入姿势**

文字录入工作往往需要持续较长的时间，在文字录入时，如果没有保持正确的录入姿势，就容易产生疲劳，影响工作的效率。在文字录入时，要求录入员头端正平视屏幕、身体坐直、双肩放松、两臂自然下垂、手腕平直、手指自然弯曲、轻放在基本键位上，如图 2.6 所示。

图 2.6





# 任务三 键盘录入训练

**一、测试双手敲击速率**

将你的手指在桌面上随意敲击，在表 2.2 中分别记录你各手指 1 分钟的最多敲击次数。

表 2.2 各手指 1 分钟击键的次数记录表

| 左手 | | | | 右手 | | | |
|---|---|---|---|---|---|---|---|
| 小指 | 无名指 | 中指 | 食指 | 食指 | 中指 | 无名指 | 小指 |
| | | | | | | | |

〔算一算〕

在你双手的 10 个手指中，击键速度最快的是________；各个手指 1 分钟的平均击键次数是________次，这个平均击键次数可作为你将来英文字母录入的极限速度。

〔试一试〕

在学习和练习中，寻找一个学习伙伴，互相学习和鼓励。还可进行竞赛，并将训练成绩记录在表2.3中。

表2.3　英文录入学习和训练计划表

| 自　己 | | | 学习伙伴 | | |
|---|---|---|---|---|---|
| 训练日期 | 计划速度 | 实际速度 | 训练日期 | 计划速度 | 实际速度 |
| | | | | | |

## 二、基本键位练习

训练要点：双手轻放在基本键位上，击键时默念击打的字母，注意录入的节奏。

训练要求：每组练习训练5遍，达到每分钟录入150个字符以上。

第1组　基本键位顺序练习

asdfjkl;　asdfjkl;　asdfjkl;　　asdf;lkj　asdf;lkj　asdf;lkj
fdsajkl;　fdsajkl;　fdsajkl;　　fdsa;lkj　fdsa;lkj　fdsa;lkj
sdfakl;j　sdfakl;j　sdfakl;j　　dfasl;jk　dfasl;jk　dfasl;jk
fasd;jkl　fasd;jkl　fasd;jkl　　jkl;asdf　jkl;asdf　jkl;asdf
lkj;sdfa　lkj;sdfa　lkj;sdfa　　;jklafds　;jklafds　;jklafds

第2组　基本键位对称练习

asdf;lkj　asdf;lkj　asdf;lkj　　fdsajkl;　fdsajkl;　fdsajkl;
ajskdlf;　ajskdlf;　ajskdlf;　　jaksld;f　jaksld;f　jaksld;f
fjdksla;　fjdksla;　fjdksla;　　sldkfja;　sldkfja;　sldkfja;
kdjfls;a　kdjfls;a　kdjfls;a　　fdjkasl;　fdjkasl;　fdjkasl;
sdklaf;j　sdklaf;j　sdklaf;j　　ljsfk;da　ljsfk;da　ljsfk;da

第3组　基本键位综合练习

asjkfd;l　asjkfd;l　asjkfd;l　　fadlkj;s　fadlkj;s　fadlkj;s
ksdljlfa　ksdljlfa　ksdljlfa　　daflajdk　daflajdk　daflajdk
akdjslf　akdjslf　akdjslf　　ldsjkafs　ldsjkafs　ldsjkafs
sjlfa;dk　sjlfa;dk　sjlfa;dk　　jfdslak;　jfdslak;　jfdslak;
;dalskjf　;dalskjf　;dalskjf　　fladsjk;　fladsjk;　fladsjk;

## 三、中档键练习

训练要点：双手轻放在基本键位上，若击打G键和H键后，应返回到基本键位。

训练要求：每组练习训练5遍，达到每分钟录入150个字符以上。

第 1 组　中档键位顺序练习

gghhgghh　gghhgghh　gghhgghh　hhgghhgg　hhgghhgg　hhgghhgg
fgfgdgdg　fgfgdgdg　fgfgdgdg　jhjhkhkh　jhjhkhkh　jhjhkhkh
sgsgagag　sgsgagag　sgsgagag　lhlh;h;h　lhlh;h;h　lhlh;h;h
agagh;h;　agagh;h;　agagh;h;　sgsghlhl　sgsghlhl　sgsghlhl
dgdghkhk　dgdghkhk　dgdghkhk　fgfghjhj　fgfghjhj　fgfghjhj

第 2 组　中档键位对称练习

ajskdlgh　ajskdlgh　ajskdlgh　dfkjgshl　dfkjgshl　dfkjgshl
agsd;hlj　agsd;hlj　agsd;hlj　agdg;hkh　agdg;hkh　agdg;hkh
hjgfkhdg　hjgfkhdg　hjgfkhdg　kjhdfgls　kjhdfgls　kjhdfgls
hlgs;hag　hlgs;hag　hlgs;hag　jlhkfsgs　jlhkfsgs　jlhkfsgs
dgkhag;h　dgkhag;h　dgkhag;h　hga;dgkh　hga;dgkh　hga;dgkh

第 3 组　中档键位综合练习

glasshad　glasshad　glasshad　hallhalf　hallhalf　hallhalf
fallkadh　fallkadh　fallkadh　asasdjdj　asasdjdj　asasdjdj
jkfdasl　jkfdasl　jkfdasl　hgfakdl;　hgfakdl;　hgfakdl;
sjkfadlg　sjkfadlg　sjkfadlg　gjfkdls;　gjfkdls;　gjfkdls;
hdjfksla　hdjfksla　hdjfksla　allsdfh;　allsdfh;　allsdfh;

### 四、上档键练习

训练要点:双手轻放在基本键位上,手指约向左前方倾斜击打上档键,击打后返回基本键位。

训练要求:每组练习训练 5 遍,达到每分钟录入 120 个字符以上。

第 1 组　上档键位顺序练习

rewquiop　rewquiop　rewquiop　qwerpoiu　qwerpoiu　qwerpoiu
wertoiuy　wertoiuy　wertoiuy　trewyuio　trewyuio　trewyuio
yuiptreq　yuiptreq　yuiptreq　iopyewqt　iopyewqt　iopyewqt
uyportw　uyportw　uyportw　iuypertq　iuypertq　iuypertq
rtqwuyop　rtqwuyop　rtqwuyop　opyuwqtr　opyuwqtr　opyuwqtr

第 2 组　上档键位对称练习

tyrueiwo　tyrueiwo　tyrueiwo　qpwoeiru　qpwoeiru　qpwoeiru
eriuwtoy　eriuwtoy　eriuwtoy　weoitqyp　weoitqyp　weoitqyp
opwqyite　opwqyite　opwqyite　owpquryt　owpquryt　owpquryt
iopewqur　iopewqur　iopewqur　iuyertow　iuyertow　iuyertow
yotwyutr　yotwyutr　yotwyutr　qepitwyo　qepitwyo　qepitwyo

第 3 组　上档键位综合练习

werepiyu　werepiyu　werepiyu　writerty　writerty　writerty

turepret turepret turepret uportqiw uportqiw uportqiw
quewpyte quewpyte quewpyte europewy europewy europewy
outerqyt outerqyt outerqyt pierruwy pierruwy pierruwy
requirey requirey requirey tietroop tietroop tietroop

## 五、下档键练习

训练要点:双手轻放在基本键位上,手指约向右下方倾斜击打上档键,击打后返回基本键位。

训练要求:每组练习训练5遍,达到每分钟录入120个字符以上。

第1组　下档键位顺序练习

vcxzm,./ vcxzm,./ vcxzm,./ zxcv/.,m zxcv/.,m zxcv/.,m
cvzx,m./ cvzx,m./ cvzx,m./ cxzb,./n cxzb,./n cxzb,./n
nm,.bvcx nm,.bvcx nm,.bvcx mn,.vbcx mn,.vbcx mn,.vbcx
,mn.cvbx ,mn.cvbx ,mn.cvbx /nm,zbvc /nm,zbvc /nm,zbvc
./nmxzbv ./nmxzbv ./nmxzbv vbbzmnn/ vbbzmnn/ vbbzmnn/

第2组　下档键位对称练习

vmc,x.z/ vmc,x.z/ vmc,x.z/ z/x.c,vm z/x.c,vm z/x.c,vm
cvb,mnx. cvb,mnx. cvb,mnx. cxz,./vm cxz,./vm cxz,./vm
mnvb,.cx mnvb,.cx mnvb,.cx m,.vcxnb m,.vcxnb m,.vcxnb
n,bcm.vx n,bcm.vx n,bcm.vx ,mcv/nzb ,mcv/nzb ,mcv/nzb
bnxc.,vm bnxc.,vm bnxc.,vm mv,.cxnb mv,.cxnb mv,.cxnb

第3组　下档键位综合练习

cmvxb,zn cmvxb,zn cmvxb,zn nbc/mcxz nbc/mcxz nbc/mcxz
cm,vn.xb cm,vn.xb cm,rn,xb xbcmv,zn xbcmv,zn xbcmv,zn
mnmnbcv, mnmnbcv, mnmnbcv, nmnmvbcx nmnmvbcx nmnmvbcx
nczvm,xn nczvm,xn nczvm,xn ,./bxmcn ,./bxmcn ,./bxmcn
vxnbzmcc vxnbzmcc vxnbzmcc bmnx.,z/ bmnx.,z/ bmnx.,z/

〔试一试〕

在字母键的综合练习中,感受基本键位到上档键和下档键的移动,特别是距离基本键位较远的"T,Y,B,M,Q,P,Z,/"等键需要重点练习。请准备好一小张复印纸,将其对折后嵌入左右手键位的分界线中,形成一道左右手键位的立体纸墙。在字母键录入感受一下纸墙的功能。

## 六、字母键综合练习

训练要点:双手轻放在基本键位上,注意体会手指移动的距离,击打后返回基本键位。

训练要求:每组练习训练 5 遍,达到每分钟录入 100 个字符以上。

第 1 组　中档、上档键位综合练习

frdeswaq　frdeswaq　frdeswaq　jukilo;p　jukilo;p　jukilo;p
asdfrewq　asdfrewq　asdfrewq　jkl;uiop　jkl;uiop　jkl;uiop
gghhttyy　gghhttyy　gghhttyy　ftgrjyhu　ftgrjyhu　ftgrjyhu
eriucv,m　eriucv,m　eriucv,m　ewiocx,.　ewiocx,.　ewiocx,.
wemnuoxv　wemnuoxv　wemnuoxv　cbortmxy　cbortmxy　cbortmxy
herosoft　herosoft　herosoft　shotkill　shotkill　shotkill
rightset　rightset　rightset　questhow　questhow　questhow
justpage　justpage　justpage　horology　horology　horology
glorious　glorious　glorious　regardup　regardup　regardup
stareaty　stareaty　stareaty　walkyard　walkyard　walkyard

第 2 组　中档、下档键位综合练习

fvdcsxaz　fvdcsxaz　fvdcsxaz　jmk,l.;/　jmk,l.;/　jmk,l.;/
asdfvcxz　asdfvcxz　asdfvcxz　jkl;m,./　jkl;m,./　jkl;m,./
gghhbbnn　gghhbbnn　gghhbbnn　fbgnjnhv　fbgnjnhv　fbgnjnhv
dfcvkl,.　dfcvkl,.　dfcvkl,.　dscxkj,m　dscxkj,m　dscxkj,m
afhlvznb　afhlvznb　afhlvznb　fmjvlscm　fmjvlscm　fmjvlscm
abcdklnm　abcdklnm　abcdklnm　ballnams　ballnams　ballnams
dmslkxgz　dmslkxgz　dmslkxgz　calhdmns　calhdmns　calhdmns
mfcxklbv　mfcxklbv　mfcxklbv　vlm/dcjh　vlm/dcjh　vlm/dcjh
madxvl,f　madxvl,f　madxvl,f　cdmagsmf　cdmagsmf　cdmagsmf
dnsghfcl　dnsghfcl　dnsghfcl　valdgncs　valdgncs　valdgncs

第 3 组　上档、下档键位综合练习

rvecwxqz　rvecwxqz　rvecwxqz　umi,o.p/　umi,o.p/　umi,o.p/
rewqvcxz　rewqvcxz　rewqvcxz　uiopm,./　uiopm,./　uiopm,./
ttyybbnn　ttyybbnn　ttyybbnn　rntmubyv　rntmubyv　rntmubyv
ercviu,m　ercviu,m　ercviu,m　ewcxio,.　ewcxio,.　ewcxio,.
rnuvntvy　rnuvntvy　rnuvntvy　rtvbuymn　rtvbuymn　rtvbuymn
coverbit　coverbit　coverbit　unbrown　unbrown　unbrown
emitburn　emitburn　emitburn　memorize　memorize　memorize
uvmention　uvmention　uvmention　nervoucq　nervoucq　nervoucq
oportune　oportune　oportune　picnicqt　picnicqt　picnicqt
revenuep　revenuep　revenuep　winxerox　winxerox　winxerox

第 4 组　所有字母综合练习

frvgjumh　frvgjumh　frvgjumh　decaki,;　decaki,;　decaki,;
swxrlo.u　swxrlo.u　swxrlo.u　aqzf;p/j　aqzf;p/j　aqzf;p/j

| | | | | | |
|---|---|---|---|---|---|
| fqfzjpj/ | fqfzjpj/ | fqfzjpj/ | fyfnjtjb | fyfnjtjb | fyfnjtjb |
| dqszkpl/ | dqszkpl/ | dqszkpl/ | stlycf,j | stlycf,j | stlycf,j |
| arcd;u,k | arcd;u,k | arcd;u,k | tybfpqnj | tybfpqnj | tybfpqnj |
| comeback | comeback | comeback | goeatout | goeatout | goeatout |
| takeeasy | takeeasy | takeeasy | whatdoit | whatdoit | whatdoit |
| givemean | givemean | givemean | keepwith | keepwith | keepwith |
| havedone | havedone | havedone | putoncut | putoncut | putoncut |
| sendback | sendback | sendback | mayiwill | mayiwill | mayiwill |

## 七、字母键与数字键综合练习

训练要点：双手轻放在基本键位上，同一只手同档位的键连续击打后，再返回基本键位。

训练要求：每组练习训练5遍，达到每分钟录入100个字符以上。

第1组　主键区数字键综合练习

| | | | | | |
|---|---|---|---|---|---|
| 43217890 | 43217890 | 43217890 | 12340987 | 12340987 | 12340987 |
| 34518760 | 34518760 | 34518760 | 45327689 | 45327689 | 45327689 |
| 74839201 | 74839201 | 74839201 | 76459247 | 76459247 | 76459247 |
| 89324576 | 89324576 | 89324576 | 07146457 | 07146457 | 07146457 |
| 16398024 | 16398024 | 16398024 | 53088635 | 53088635 | 53088635 |

第2组　基本键位与数字键综合练习

| | | | | | |
|---|---|---|---|---|---|
| f4d3s2a1 | f4d3s2a1 | f4d3s2a1 | j7k8l9;0 | j7k8l9;0 | j7k8l9;0 |
| fd43jk78 | fd43jk78 | fd43jk78 | f4f5j7j6 | f4f5j7j6 | f4f5j7j6 |
| d5k61f0j | d5k61f0j | d5k61f0j | s23dl98k | s23dl98k | s23dl98k |
| f7f0j5j1 | f7f0j5j1 | f7f0j5j1 | 125f096j | 125f096j | 125f096j |
| d8a0k3;1 | d8a0k3;1 | d8a0k3;1 | 832s537j | 832s537j | 832s537j |

第3组　字母键与数字键综合练习

| | | | | | |
|---|---|---|---|---|---|
| rewq4321 | rewq4321 | rewq4321 | uiop7890 | uiop7890 | uiop7890 |
| fr4vju7m | fr4vju7m | fr4vju7m | de3cki8, | de3cki8, | de3cki8, |
| er34iu87 | er34iu87 | er34iu87 | q12al90j | q12al90j | q12al90j |
| f2j9c3m7 | f2j9c3m7 | f2j9c3m7 | s84fl92k | s84fl92k | s84fl92k |
| jimes007 | jimes007 | jimes007 | 315c694t | 315c694t | 315c694t |

## 八、标点符号键练习

训练要点：双手轻放在基本键位上，击键时默念击打的字母，注意录入的节奏。

训练要求：每组练习训练5遍，达到每分钟录入80个字符以上。

第1组　右手标点基本符号练习

| | | | | | |
|---|---|---|---|---|---|
| ,;,;,;,; | ,;,;,;,; | ,;,;,;,; | ,.,.,.,. | ,.,.,.,. | ,.,.,.,. |

[][][][] [][][][] [][][][] ,./,./,. ,./,./,. ,./,./,.
;[;[;[;[ ;[;[;[;[ ;[;[;[;[ ;,;,;,;, ;,;,;,;, ;,;,;,;,
;,./;,./ ;,./;,./ ;,./;,./ ;'[];'[] ;'[];'[] ;'[];'[]
;[,.;[,. ;[,.;[,. ;[,.;[,. ;']/;']. ;']/;']. ;']/;'].

第2组　右手标点综合符号练习

;-;-;-;-　　;-;-;-;-　　;-;-;-;-
;=;=;=;=　　;=;=;=;=　　;=;=;=;=
;\;\;\;\　　;\;\;\;\　　;\;\;\;\
;[-,;[-,　　;[-,;[-,　　;[-,;[-,
;-=\;-=\　　;-=\;-=\　　;-=\;-=\
[-]='\;-　　[-]='\;-　　[-]='\;-
,[.]/';/　　,[.]/';/　　,[.]/';/
,./[]-=\　　,./[]-=\　　,./[]-=\
,[.[/[,]　　,[.[/[,]　　,[.[/[,]
,-.=/\';　　,-.=/\';　　,-.=/\';

**九、左、右 Shift 键练习**

训练要点：一只手小指按住 Shift 键不放，另一只手击打相应键位，击打后两手指同时弹起，注意体会移动的距离。

训练要求：每组练习训练 5 遍，达到每分钟录入 80 个字符以上。

第1组　左 Shift 键符号练习

:":":":"　　:":":":"　　:":":":"
:<>?:<>?　　:<>?:<>?　　:<>?:<>?
{}{}{}{}　　{}{}{}{}　　{}{}{}{}
&*()&*()　　&*()&*()　　&*()&*()
^&*(^&*(　　^&*(^&*(　　^&*(^&*(
)_+|)_+|　　)_+|)_+|　　)_+|)_+|

第2组　右 Shift 键符号练习

$#@! $#@!　　$#@! $#@!　　$#@! $#@!
$%#@ $%#@　　$%#@ $%#@　　$%#@ $%#@
!@#$!#$　　!@#$!#$　　!@#$!#$
@#$%@ $%　　@#$%@ $%　　@#$%@ $%
$!@% $!%　　$!@% $!%　　$!@% $!%
#$%!#$!　　#$%!#$!　　#$%!#$!

第3组　Shift 键综合练习

ChinaThe　　ChinaThe　　ChinaThe
IfWinZip　　IfWinZip　　IfWinZip

PgUpPgDn　　PgUpPgDn　　PgUpPgDn

HowAtGSM　　HowAtGSM　　HowAtGSM

45#17 * )8　　45#17 * )8　　45#17 * )8

9%! 2_7 * 4　　9%! 2_7 * 4　　9%! 2_7 * 4

246(\ $ 5 -　　246(\ $ 5 -　　246(\ $ 5 -

3&6@49^!　　3&6@49^!　　3&6@49^!

;;::,,< <　　;;::,,< <　　;;::,,< <

..> >//??　　..> >//??　　..> >//??

**十、英文文章综合练习**

训练要点：双手轻放在基本键位上，坚持只看书中的英文文稿，心中默想各键的键位，通过反复训练逐步实现盲打。

训练要求：每组练习训练5遍，达到每分钟录入120个字符以上。

第1组　英文文章练习

## What is Android?

Android is a software stack for mobile devices that includes an operating system, middleware and key applications. Google Inc. purchased the initial developer of the software, Android Inc., in 2005. Android's mobile operating system is based on the Linux kernel. Google and other members of the Open Handset Alliance collaborated on Android's development and release. The Android Open Source Project (AOSP) is tasked with the maintenance and further development of Android. The Android operating system is the world's best-selling Smartphone platform.

第2组　英文文章练习

## Iphone 4

IPhone 4 is so much more than just another new product. Case in this will have lots of impact on the way in which we can connect with each other. In 2007, iPhone reinvent a phone. In 2008, the iPhone 3G brought faster 3G networking and revolutionary appstore. In 2009, the iPhone 3GS was twice as fast and brought up new features like vedio recording. For 2010, the iPhone4 is the biggest leap forward since ritual iPhone. We are introducing the amazing Retina display and we are bringing vedio calling to the world. We call it facetime. It's gonna change the way we communicate forever. The very first time I had a facetime call, I was blown away. Because it is amazing, engaging, personal. It's all about connecting people. I think my own children like 7,8 years will be off college and I can image I'll call them and see them, and also look into their eyes and see how they are really doing. What makes it even better is that it switches from the front camera to the back camera, so, you can show someone what you're seeing, and because it's so mobile as your phone. You're willing to chat anywhere with WIFI. What's amazing, every time ,I've been years ago, you cannot help amugle. You can't believe this is real. This is actually happening; Another thing we really excited about on the new iPhone 4 is the Retina display. It is the highest resolution display ever built in your phone. At 326 pixels per inch, you get 4 times the pixels as before. So instead of the fuzzing individule pixels, you get smooth continuous shapes and tongue. You have something that looks to your eyes like you are holding a printing page in your hand. And a level to find details and images just incredible, Another thing that adds sharpness and clearity is optional levitation. That's a very precise technical process that laminates the cover glass to display and eliminate light reflash. It is the fact that we get the Retina display 5-mega-pixel camera, high definition video recording, A4 chip, bigger battery on a thinner product. This gonna change everything all over again.

**十一、数字键区数字练习**

训练要点:双手轻放在基本键位上,击键时默念击打的数字,注意录入的节奏。

训练要求:每组练习训练 5 遍,达到每分钟录入 150 个字符以上。

第 1 组　1 ~9 数字综合练习

| | | | | | |
|---|---|---|---|---|---|
| 45645654 | 45645654 | 45645654 | 78978987 | 78978987 | 78978987 |
| 12312321 | 12312321 | 12312321 | 14725836 | 14725836 | 14725836 |
| 36925847 | 36925847 | 36925847 | 15935728 | 15935728 | 15935728 |
| 76134925 | 76134925 | 76134925 | 84269713 | 84269713 | 84269713 |
| 91732864 | 91732864 | 91732864 | 85827639 | 85827639 | 85827639 |

第 2 组　含 0 和 . 的数字综合练习

| | | | | | |
|---|---|---|---|---|---|
| 40506020 | 40506020 | 40506020 | 70809030 | 70809030 | 70809030 |
| 10203050 | 10203050 | 10203050 | 17069035 | 17069035 | 17069035 |
| 80397040 | 80397040 | 80397040 | 3.141592 | 3.141592 | 3.141592 |
| 84.573.5 | 84.573.5 | 84.573.5 | 82.25019 | 82.25019 | 82.25019 |
| 10094.75 | 10094.75 | 10094.75 | 60.59703 | 60.59703 | 60.59703 |

[技能技巧]

(1)加强双手对称手指键位的练习

双手对称手指的键位容易发生混淆,应加强此类练习。特别是两只手的同一手指、同一档的字母键,如F与J、W与O、B与N等。

(2)英文录入练习的经验体会

①进行字母键练习,始终要坚持使用双手操作,逐步实现"盲打"。

②要保持正确的打字姿势,这样既可以集中注意力,又可以减轻长时间录入的疲劳感。

③在击打非基本键位的字母后,一般应立即将双手放回基本键位。但是,如果要连续击打同一只手、同一档位的字母键时,也可以连续击打后,再返回基本键位。

④适当加强小指的按键练习,特别是右手小指。因为小指的力量偏弱、控制范围较大,容易造成按键不准的情况。

⑤英文的录入练习虽然有一定的技巧,但是也只有付出艰苦的努力,才能达到预期的目标。因此,要练好英文录入,必须要有一定的信心和恒心,还要拟定一个阶段性的训练目标。英文录入是中文录入的基础,没有熟练的英文字母录入就不可能有高速度的中文录入。

## 十二、英文录入的训练规律

熟悉键盘字母键分布 → 指法正确熟练 → 键位准确到位 → 输入连贯流畅





# 任务四　为字母键编号

在五笔字型汉字输入法中,为了实现重码字的识别,更好地体现基本字根在字母键中的分布规律,特别地为A~Y等25个字母键进行了编号(Z键另作他用)。具体编号规律是:**按中档键、上档键、下档键的顺序,再按由左手键位到右手键位的顺序,共分为5个区,每个区再按由内到外的顺序分为5个位,一个区号和一个位号合并成的2位数,即是该键的代号**。例如,D键的区号为1、位号为3,即D键的代号为13。25个字母键的代号如图2.7所示:

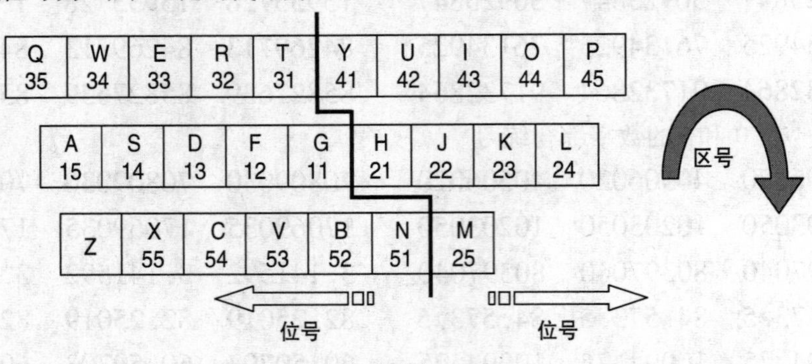


图2.7

〔练一练〕

请按字母键的编号顺序，默写出5个区的所有的字母键。

1区：

2区：

3区：

4区：

5区：

# 任务五　设计理想的键盘

观察下面的键盘，找出你最喜爱的款式。

**款式1**：韩国Flexis公司推出的fxCUBE键盘，88键，黑色外壳，体积为320 mm×110 mm×2.5 mm，质量为180 g，功耗为10 mA。该键盘除了具有蓝牙(无线连接)功能之外，还能够卷曲放置。如图2.8。

图2.8

**款式2**：微软公司推出的蓝牙键盘，既体现了人体工学的理念，又能够实现无线连接。另有微软公司的"Wireless Optical Desktop Pro for Bluetooth"产品套件。如图2.9。

图2.9

**款式3**：华旗资讯公司出品的爱国者超薄手感王键盘，该款键盘的最薄处只有0.9 cm，最厚的地方也不超过1.8 cm，可以说是目前普通PC机键盘中最薄的，其质量也只有普通键盘的1/3。独具的 Latex 弹力圈及剪力式支撑架结构,使它敲打起来手感更加舒适自如,富有韵律和弹性。如图 2.10。

图 2.10

**款式 4:**激光投影键盘作为一种新的输入方式,它采用了虚拟激光键盘(VKB)技术,用内置的红色激光发射器可以在任何表面投影出标准键盘的轮廓,然后通过红外线技术跟踪手指的动作,最后完成输入信息的获取。它要求操作表面是突出部分不超过 1 mm 的任何坚实平面,键盘规格一般为 275 mm × 90 mm,键盘布局 为 63 键 /全尺寸 QWERTY 布局,它兼容 Windows 系列操作系统和部分智能手机的操作系统。如图 2.11。

图 2.11

〔想一想〕

你认为最理想的键盘应具备哪些功能,请简单描述并画出示意图:

# 模块三 Mokuaisan

## 认识笔画和字根

**单元问题**

- “五笔”是指的哪5种笔画？
- “五笔画”输入法和“五笔字型”输入法有什么区别？
- 字根有多少个？它们是怎样分组的？
- 同一键上的字根有什么联系？
- 怎样更有效地记住字根助记词及其分布规律？

〔目标〕

- 认识汉字组字的 3 个层次
- 认识 5 种笔画的分类、代号和变形
- 掌握基本字根的键盘分布规律,记住基本字根的键盘分布

# 任务一　认识笔画和字根

## 一、汉字组字的 3 个层次

在《新华字典》中查找某一汉字时,可以通过汉字的笔画来查找,也可以通过组成汉字的偏旁部首来查找,而偏旁部首本身也是可以通过笔画来查找的。这就说明了组成汉字的最小单位是笔画。是否可以将汉字拆分为笔画进行编码输入呢? 答案是肯定的。例如,五笔画输入法就是将汉字按书写顺序拆分为笔画,再使用数字键区中的数字键输入汉字。但是,从字典中可以很容易地看到,相同笔画数的字是非常多的,这就必然会产生选字的烦恼,从而无法实现盲打输入。

现在我们把目光放在组字的偏旁部首上。如果用偏旁部首来组字,就会大大减少组字的部件(即偏旁部首)数目,同时也可以看到,具有相同部件结构的汉字是不多的,这就为创造一种高效的汉字字形编码方案提供了可能。在五笔字型汉字输入法中,将组成汉字的部件称为字根(王码五笔字型 98 版中,称之为码元),即字根是结构相对固定的笔画组合。

在五笔字型汉字输入法中,将汉字的组字方式分为 3 个层次(笔画→字根→整字),即**笔画组成字根,字根组成整字**。这就是说,字根按笔画进行拆分,而整字按字根进行拆分。

## 二、认识 5 种笔画

五笔字型中的"五笔"是指笔画可以分为 5 种基本笔画,它们分别是**横、竖、撇、捺、折**。为了方便编码,指定 5 种基本笔画的代号分别是 1、2、3、4、5,即 1 横、2 竖、3 撇、4 捺、5 折。在区分 5 种笔画时,要注重笔画的运笔方向,忽略笔画的长短和轻重。具体笔画的区分见表 3.1。

**表 3.1　五笔字型笔画分类表**

| 笔画名称 | 横 | 竖 | 撇 | 捺 | 折 |
|---|---|---|---|---|---|
| 代号 | 1 | 2 | 3 | 4 | 5 |
| 运笔方向 | 由左向右 | 由上到下 | 由右上到左下 | 由左上到右下 | 凡是转弯 |
| 基本笔画 | 一 | 丨 | 丿 | 丶 | 乙 |
| 主要变形 | 提 | 竖左钩 | | | 竖右钩 |

5 种基本笔画是字根吗？有没有由 5 种基本笔画直接组成的汉字？

### 三、基本字根及其分组

在众多的汉字字根中，经过精心筛选，真正参与组字的字根称为基本字根。在五笔字型汉字输入法中，基本字根共有 198 个，若加上其变形共有近 240 个，它们就是组成汉字的基本元素。按照基本字根书写的笔画顺序、字根之间的字形和字意上的联系，以及字母键的代号等等因素，将基本字根分为 25 组，分别分布在 A ~ Y 这 25 个字母键中。一般地，横起类的基本字根分布在 1 区，竖起类的基本字根分布在 2 区，撇起类的基本字根分布在 3 区，捺起类的基本字根分布在 4 区，折起类的基本字根分布在 5 区。具体基本字根的键盘分布请参见五笔字型字根总表，如图 3.1 所示。

图 3.1

基本字根按照其编码的不同方法，可以分为**键名字根、单笔画字根、成字字根和非成字字根**等。键名字根在每个字母键上各有一个（Z 键除外），共 25 个，其中有 24 个是常用字，如图 3.2 所示。单笔画字根即"一、丨、丿、丶、乙"等，共 5 个，其中只有"一、乙"是常用字。除键名字根和单笔画字根外，凡是独立成字的基本字根称为成字字根，共有 98 个。其余不能独立成字的基本字根称为非成字字根，共有约 70 个。

| 金<br>35Q | 人<br>34W | 月<br>33E | 白<br>32R | 禾<br>31T | 言<br>41Y | 立<br>42U | 水<br>43I | 火<br>44O | 之<br>45P |
|---|---|---|---|---|---|---|---|---|---|

| 工<br>15A | 木<br>14S | 大<br>13D | 土<br>12F | 王<br>11G | 目<br>21H | 日<br>22J | 口<br>23K | 田<br>24L |
|---|---|---|---|---|---|---|---|---|

| Z | 纟<br>55X | 又<br>54C | 女<br>53V | 子<br>52B | 已<br>51N | 山<br>25M |
|---|---|---|---|---|---|---|

图 3.2

〔练一练〕

在字根总表中,找出所有键中的字根汉字。

一区:G键(　　　　　　　　)　　F键(　　　　　　　　)
D键(　　　　　　　　)　　S键(　　　　　　　　)
A键(　　　　　　　　)

二区:H键(　　　　　　　　)　　J键(　　　　　　　　)
K键(　　　　　　　　)　　L键(　　　　　　　　)
M键(　　　　　　　　)

三区:T键(　　　　　　　　)　　R键(　　　　　　　　)
E键(　　　　　　　　)　　W键(　　　　　　　　)
Q键(　　　　　　　　)

四区:Y键(　　　　　　　　)　　U键(　　　　　　　　)
I键(　　　　　　　　)　　O键(　　　　　　　　)
P键(　　　　　　　　)

五区:N键(　　　　　　　　)　　B键(　　　　　　　　)
V键(　　　　　　　　)　　C键(　　　　　　　　)
X键(　　　　　　　　)

其中,键名字根有________个,单笔画字根有________个,成字字根共有________个。





# 任务二　记住基本字根的键盘分布

## 一、记住键名字根的键盘分布

记住键名字根及其键盘分布是记住所有基本字根及其键盘分布的第一步,也是非常重要的一步。键名字根数量不是很多,记忆时一般将键名字根按字母键的代号顺序,编为5字口诀,即:

王土大木工;
目日口田山;
禾白月人金;
言立水火之;
已子女又纟(丝)。

〔练一练〕

请在一分钟的时间内，强记这一口诀，能记住它吗？请说一说你在记忆过程中的窍门。在这里，我们推荐联想式和形象式记忆，可以达到事半功倍的效果。例如，在记忆第一句“王土大木工”时，可以联想为一名刚进城的王姓木工，如下图画面：

在记忆第二句“目日口田山”时，观察到5个字都与一个口字相关，“目”字有三个“口”，“日”有两个“口”，“田”字有四个“口”，“山”字有一个“缺口”，故将此句记为“三二一四缺口”。

在记忆第三句“禾白月人金”时，可以联想到下面的意境：“在沧白的月光下，望着成片的禾苗，让人想到了金色的收成。”

在记忆第四句“言立水火之”时，可以联想到下面的意境：“好男儿出言顶天立地，这是江水烈火所熟知(之)的。”

通过联想式和形象式记忆，学习起来是不是有趣多了，你能将最后一句的记忆方法记录在下面，并告诉班上的其他同学吗？当然你也可以记录下你或同学的其他好方法。

第五句的记忆方法：______________________________。

## 二、记住笔画字根的键盘分布

笔画字根是指单笔画字根和由同一单笔画简单重复形成的字根。例如，横笔画字根有“一”、“二”、“三”，捺笔画的字根有“丶”、“冫”、“氵”、“灬”等等。

请分析下图中笔画字根与其所在键的代号的关系。

| 35Q | 34W | 彡 33E | 〃 32R | 丿 31T | 丶 41Y | 冫 42U | 氵 43I | 灬 44O | 45P |
|---|---|---|---|---|---|---|---|---|---|

| 15A | 14S | 三 13D | 二 12F | 一 11G | 丨 21H | 刂 22J | 川 23K | 川 24L |
|---|---|---|---|---|---|---|---|---|

| Z | 55X | 54C | 巛 53V | 巜 52B | 乙 51N | 25M |
|---|---|---|---|---|---|---|

笔画字根的键盘分布规律是：**笔画代号同区号，笔画数同位号。**例如，字根“三”的笔画为横，其代号为1，笔画数为3，因此字根“三”应在13键上，即D键中；又如，字根“冫”的笔画为捺，其代号为4，笔画数为2，因此字根“冫”应在42键上，即U键中。笔画字根共有17个，它们都完全符合以上的分布规律。

**三、认识字母键的代号与键上的基本字根之间的关系**

如果把基本字根的首笔画代号作区号，次笔画代号作位号，将区号和位号合并为字母键的代号，对照字根总表你就可以发现其中的规律。例如，F键的代号为12，即首笔为横、次笔为竖，在F键上符合这一要求的字根有：“土”、“士”、“十”、“寸”、“雨”等等；又如，Q键的代号为35，即首笔为撇、次笔为折，在Q键上符合这一要求的字根有：“勹”、“儿”、“犭”、“𠂉”、“夕”、“鱼”、“夕”、“夕”等等。以上就是基本字根键盘分布的一般规律，但从字根总表中也不难发现，部分基本字根并不适合此种规律。例如，基本字根“古”并不在(12)F键上，而是在(13)D键上，这部分基本字根可以通过字根助记词和同一键上基本字根之间的联系来加以记忆。

根据以上基本字根的分布规律，在5种笔画中任意选出2种笔画，并将2种笔画做任意的组合(上下左右排列、连接、交叉等)，看一看能够组合出多少种不同的字根？再对照字根总表找出其中的基本字根，同时列出其所在的字母键。例如，横笔画和撇笔画组合的基本字根有“厂”、“ア”、“ナ”等等。

______________________________；

______________________________；

______________________________。

## 四、认识同一键上字根之间的联系

分布在同一键上的基本字根之间一般都存在字形或字义上的联系。当同一键上的基本字根较多时,可以先确定几个主要字根,如键名字根、首笔次笔代号同键的位号和区号的字根等,再通过主要字根的笔画增删、旋转变形和字义联想,就可以得到该键上的一串其他的字根。例如,先确定F键上的主要字根为其键名字根"土",通过对"土"的笔画增删和笔画的长短变化,就可以得到"十"、"寸"、"士",将其旋转180°,就可以得到"干",即记住了F键的键名字根"土",就可以联想出"十"、"寸"、"士"、"干"等基本字根。又例如,先确定H键上的主要字根为其键名字根"目"、"卜"和"广",通过对"目"的笔画长短变化,就可以得到"且",通过对主要字根"卜"增删笔画,就可以得到"⺊"、"上"、"止"、"⺪"等等,通过对"广"的变形,就可以得到"⺁"。通过对同一键上的基本字根从字形变化上的分析,找出它们之间的联系,就可以只记忆少量的主要字根,并在此基础上联想出一串串其他的基本字根,从而大大减少记忆量,提高记忆的效率。

[练一练]

同一键中字根之间存在字形和字义上的联系,根据给出的主要字根写出同一键上变形后相关的基本字根:

(1)A键,廾______________________________

(2)J键,日______________________________

(3)L键,田______________________________

(4)E键,月______________________________

(5)Q键,勹______________________________

(6)Y键,亠______________________________

(7)U键,立______________________________

(8)I键,水______________________________

(9)N键,已______________________________

(10)C键,厶______________________________

在同一键上的字根中,也有一些字根是相对较独立的,它们不容易由其他字根变形得到。例如,F键中的"卑"、D键中的"镸"、M键中的"風"等基本字根,需要特别注意。

[练一练]

请在字根总表中找一找各个键中相对独立的字根,并把它记录在下面的横线上:

________________________________________

________________________________________

________________________________________

同一键上的基本字根之间除了字形的联系外,在字义上也有一定的联系,下表中列出的是部分主要字根与偏旁部首字根在字义上的联系。

表 3.2　主要字根与偏旁部首字根对照表

| 字母键 | 主要字根 | 字义联想 | 字母键 | 主要字根 | 字义联想 | 字母键 | 主要字根 | 字义联想 |
|---|---|---|---|---|---|---|---|---|
| T　31 | 竹 | ⺮ | Q　35 | 金 | 钅 | P　45 | 之 | 辶、廴 |
| R　32 | 手 | 扌 | Y　41 | 言 | 讠 | N　51 | 心 | 忄 |
| W　34 | 人 | 亻 | I　43 | 水 | 氵 | B　52 | 耳 | 卩、阝 |

## 五、熟记字根助记词

为了帮助初学者更快地掌握基本字根的键盘分布情况，五笔字型的发明人为每个键上的基本字根编写了容易上口的助记词，具体的五笔字型字根助记词见表 3.3。

表 3.3　五笔字型字根助记词

| | | |
|---|---|---|
| 11G　王旁青头戋五一，<br>12F　土士二干十寸雨。<br>13D　大犬三⺘(羊)古石厂，<br>14S　木丁西，<br>15A　工戈草头右框七。 | 21H　目具上止卜虎皮，<br>22J　日早两竖与虫依。<br>23K　口与川，字根稀，<br>24L　田甲方框四车力。<br>25M　山由贝，下框几。 | 31T　禾竹一撇双人立，<br>反文条头共三一。<br>32R　白手看头三二斤，<br>33E　月彡(衫)乃用家衣底。<br>34W　人和八，三四里，<br>35Q　金勺缺点无尾鱼，<br>犬旁留乂儿一点夕，氏无七(妻)。 |
| 41Y　言文方广在四一，<br>高头一捺谁人去。<br>42U　立辛两点六门疒(病)，<br>43I　水旁兴头小倒立。<br>44O　火业头，四点米，<br>45P　之宝盖，摘礻(示)衤(衣)。 | 51N　已半巳满不出己，<br>左框折尸心和羽。<br>52B　子耳了也框向上。<br>53V　女刀九臼山朝西。<br>54C　又巴马，丢矢矣，<br>55X　慈母无心弓和匕，幼无力。 | 注：<br>①在以上五笔字型字根助记词中，包含了每个键上的绝大部分基本字根，但也有少部分基本字根没有列出。<br>②每句字根助记词一般是 7 个字的口诀，其中的第一个字一般都是该键的键名字根。 |

记忆字根助记词最基本的方法就是反复朗读和背诵，做到朗朗上口。开始记忆时，可以以键名字根为线索，进而在熟读的前提下，去理解字根助记词中每个字的含义。

方法一：猜谜法。

在字根助记词中有很多猜谜式的句子，例如，21H 键中的“卜(剥)虎皮”是指字根“虍”，其他的还有：“氏无七(妻)”、“谁人去”、“山朝西”、“慈母无心”、“家衣底”、“无尾鱼”、“双人立”、“丢矢矣”和“幼无力”等等，你能指出它们代表的是哪些字根吗？通过记忆可以加深对基本字根的印象。

方法二：联想法。

在记忆字根助记词时，最好使用联想记忆和形象记忆的方法，根据每一句记忆字根助记词编造出离奇、夸张的场景故事，以达到加深记忆和活跃学习情绪的目的。例如：

11G 键的字根助记词是“王旁青头戋(兼)五一”，可以想像为：“大王的身旁有一位头是青色的且武艺(五一)高强的人”；

12F 键的字根助记词是“土士二干十寸雨”，可以想像为：“两个用泥土捏的士兵打了起来，这时下了一场十寸深的大雨，两个泥人会怎么样呢？呵呵，他们都消失在雨水中了……”；

13D 键的字根助记词是“大犬三羊古石厂”，可以想像为：“几条大犬正在追猎山（三）羊，走投无路的山羊逃进了古时的一个石料厂”；

14S 键的字根助记词是“木丁西”，可以想像为：“一个破烂的箱子，箱子上的木板和钉（丁）子都十分稀（西）少”；

15A 键的字根助记词是“工戈草头右框七”，可以想像为：“工人们正在割（戈）草（艹），每个人的右边都挎了七个框”；

21H 键的字根助记词是“目（模）具上止卜（剥）虎皮”，可以想像为：“偷猎的人正在模具上剥虎皮”，是不是有些残忍、血腥。……

除了用文字方式描述场景外，也可以通过联想一副画面来帮助记忆字根助记词。例如，22J 键的字根助记词是“日早两竖与虫依”，可以想像为下图的画面：

这样记是不是很有趣？现在请你也来为每条字根助记词设计一个场景，让它尽可能的离奇、有趣，以便吸引其他人。请将你设计的五笔字型助记词记忆方法在全班交流，比一比谁设计的方法更好。

〔练一练〕

记录两则为字根助记词编造的场景，你可以用图画或用文字描述。

（1）______键的字根助记词是“________________________________”，可以想像为：

（2）______键的字根助记词是“________________________________”，可以想像为：

（3）______键的字根助记词是“________________________________”，可以想像为：

（4）______键的字根助记词是“________________________________”，可以想像为：

方法三：自创法。

尽管字根助记词可以较好地帮助人们记忆字根的键盘分布，但是它还存在着一些不足，如某些键的字根助记词有的显得冗长、有的显得有些生硬。那么，什么是你最容易理解、最容易记忆的句子呢？这当然就是自己编写的句子了。你能自己试着创作几条字根助记词吗？最好第一个字同样是键名字根，并且能够包含该键上的绝大部分字根。

以下键的字根助记词改为：

例如，31T　禾年头竹(祝)双人条(调)头

35Q　金鱼头儿夕乂(叉)爪(爪旁)

41Y　言文方广谁人去

51N　已满左框尸(私)心羽(欲)



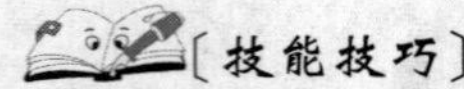

〔技能技巧〕

记忆字根总表和字根助记词是本模块也是本课程的一个难点，只要有必胜的信心和科学方法，这个难点是完全可以攻克的。记忆时最主要的经验就是勤动口、勤动脑、勤动手，注意循序渐进，逐键、逐条、逐区落实，就可以很好地掌握它。

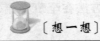

〔想一想〕

用简短的文字总结你记忆字根键盘分布的经验体会：

〔课外餐〕

五笔画输入法与五笔字型输入法的异同：

五笔画输入法目前在手机中已广泛使用，它是将汉字按顺序用横、竖、撇、捺、折5种笔画进行编码输入的。显然，五笔画输入法与五笔字型汉字输入法中的“五笔”是一致的，它们的不同在于五笔画输入法没有字根的概念，所有汉字均按笔画拆分，所以它简单易学，但是重码多。五笔字型汉字输入法中基本字根按笔画拆分，其他汉字则按基本字根进行拆分，这就有效地降低了码长和重码率。

# 模块四 Mokuaisi

## 单根字的输入

**单元问题**

- 什么是单根字？它分为几个类别？
- 单根字的编码规则是什么？有何特点？
- 键名汉字一定要敲 4 次键吗？

〔目标〕

- 了解单根字的定义
- 掌握并熟练运用单根字的编码规则
- 掌握86版五笔字型中单根字编码中的特殊规定
- 掌握简码输入的概念和方法
- 通过训练达到每分钟录入50个以上的单根字





# 任务一　认识单根字的编码规则

## 一、什么是单根字

在模块3(认识笔画和字根)中,已经介绍了键盘上基本字根的分类情况。五笔字型的基本字根可以分为键名字根、单笔画字根、成字字根和非成字字根等4类。其中键名字根、单笔画字根和成字字根都是一个字根独立成字,因此,将这3类基本字根统称为单根字(也称为键面字)。单根字的数量较少,共有键名字根25个,单笔画字根5个,成字字根98个,共计138个。

## 二、单根字的编码规则

在五笔字型中虽然单根字的数量较少,但每一类单根字都有独立的编码规则。下面具体介绍各类单根字的编码规则。

(1)键名字根

你还记得按区号和位号的顺序编写的键名字根助记口诀吗?键名字根每个键上一个,其中除X键上的“纟”外,其余24个都是常用字,其编码规则是最简单的。

键名字根编码规则是:**所在键重复4次**。

例如:F键键名字根“土”的编码是FFFF,即击打4次F键。同样道理,键名汉字“目”的编码是HHHH,“已”的编码是NNNN。

(2)单笔画字根

单笔画字根是指一横“一”、一竖“丨”、一撇“丿”、一捺“丶”、一折“乙”,这5个基本笔画。其中的“一”和“乙”是常用字。

单笔画字根编码规则是:**所在键重复2次+2个L键**。

所有单笔画字根的编码如下:

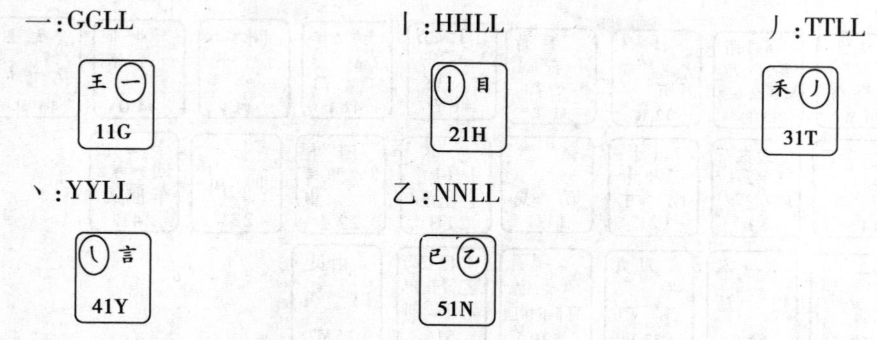


(3)成字字根汉字输入

成字字根是除键名字根和单笔画字根之外,其本身独立成字的字根,它是单根字中最多的一部分。根据汉字组字的3个层次,其中字根由笔画组成,即字根应按笔画拆分。

成字字根编码规则是:**所在键+首笔代码+次笔代码+末笔代码,编码不足4码的补打空格键。**

按此编码规则在输入成字字根汉字时,先击打一次字根所在键(此动作俗称"报户口"),然后按书写顺序,依次打入第一笔画代码,第二笔画代码,及最末一个笔画代码,这样形成4位码长的外码。若是只由2个笔画组成的成字字根,如"十""儿""儿"等,其编码长度不足4码,则应补打一次空格键。例如:

| 汉字 | 报户口 | 首笔 | 次笔 | 末笔 | 汉字编码 |
|---|---|---|---|---|---|
| 文 | 文(Y) | 、(Y) | 一(G) | 、(Y) | YYGY |
| 用 | 用(E) | 丿(T) | 乙(N) | 丨(H) | ETNH |
| 车 | 车(L) | 一(G) | 乙(N) | 丨(H) | LGNH |

〔练一练〕

请参考图4.1,将一区中各个字母键上的成字字根找出来,并将它们及其编码填写在下面的表格中。

| 字母键 | 键上成字字根及其编码 |
|---|---|
| 11G | |
| 12F | |
| 13D | |
| 14S | |
| 15A | |

## 三、成字字根编码中的特殊规定

尽管86版王码五笔字型编码效率高,但是它仍存在一些不同于日常书写规范的特殊

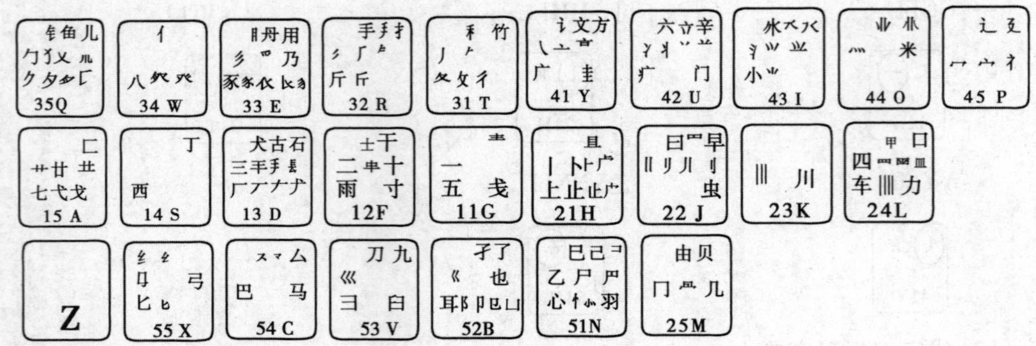

图 4.1

规定。在成字字根的编码输入中要特别注意以下两点：

(1)存在的倒笔画问题

成字字根“九”的编码是 VTN,而不是按书写顺序的 VNT(VNT 是同一键上成字字根“刀”的编码),这就是笔画拆分中存在的倒笔画问题。存在的倒笔画问题的字还有“力”“匕”和“乃”等,在输入这些字时应特别注意。

(2)末笔画的特殊规定

成字字根“戈”和“戋”的末笔规定为撇,即“戈”的编码是 AGNT,“戋”的编码是 GGGT。

## 任务二　单根字录入训练

**一、键名汉字练习,请在横线中填写汉字的编码**

工________　月________　金________　山________　女________

又________　大________　土________　王________　日________

月________　禾________　言________　立________　水________

之________　田________　山________　已________　日________

女________　目________　口________　纟________　木________

**二、单笔画汉字练习,请在横线中填写汉字的编码**

一________　丨________　丿________　丶________　乙________

**三、成字字根练习,请在横线中填写汉字的编码**

心________　羽________　耳________　了________　孑________　戈________

五________　士________　干________　十________　寸________　雨________

犬________　古________　石________　厂________　巳________　已________

尸________ 心________ 羽________ 甲________ 四________ 车________

力________ 由________ 贝________ 几________ 丁________ 西________

弋________ 戈________ 廿________ 七________ 止________ 早________

**四、单根字综合练习**

训练要点:注意区分单根字的类型和编码中的特殊规定。

训练要求:练习 5 遍,达到每分钟录入 30 个字以上。

一 二 三 四 五 六 七 八 九 十 廿 禾 儿 山 言 由 夕 干 之

乙 寸 丁 臼 雨 水 手 巴 文 大 王 火 弓 石 孑 厂 米 小 匚

木 工 弋 戈 戋 辛 竹 斤 人 金 方 广 门 疒 儿 巳 己 立 土

巳 白 心 西 羽 尸 了 子 犬 也 耳 女 廴 刀 又 马 古 贝 士

[技能技巧]

从前面介绍的三类单根字编码规则中,可以看出它们的共同特点是都要"报户口",即第一个编码一定是所在键。只是"报户口"的次数有所不同,成字字根报 1 次、单笔画字根报 2 次,键名字根报 4 次。也就是说,输入单根字(或称为键面字)时,首先应击打所在键。

# 任务三　初识简码

**一、单根字输入时一定要敲 4 次键吗**

在进行单根字录入训练的过程中,或许你已注意到了有些单根字用不着输入 4 个编码,而只需输入一码、两码或者三码,再加打空格键即可以输入。为什么会出现这种现象?这就是五笔字型输入法提供的简码的输入方式。在五笔字型编码方案中,为了减少击键次数,提高单字的输入速度,一些常用字可以只输入前 1 ~ 3 个编码,再加空格键即可输入,从而形成一、二、三级简码。

(1)一级简码(又称为高频字)

击打该字的第一个编码后,击打一次空格键。

例如:输入"一"字时,先击打 G 键,再击打空格键即可。在所有单根字中一级简码的字共有 5 个:"一、工、上、人、了"。

(2)二级简码

击打该字的前两个编码后,再击打一次空格键。

例如:输入"五"字时,先击打 GG,再击空格键即可。在所有单根字中二级简码的字共有:"大、水、之、子、五、二、三、七、止、早、四、车、力、由、几、手、用、儿、方、六、小、米、心、也、九、马"等。以上这些单根字可以按二级简码的规则进行输入,以提高录入速度。

(3)三级简码

击打该字的前三个编码后,再击打一次空格键。

例如:输入"斤"字时,先击打 RTT,再击空格键即可。

在前面所讲的键名字和成字字根中有以下三级简码:在所有单根字中三级简码的字共有:"王、十、丁、工、止、山、禾、白、月、言、立、水、火、之、子、女、又、厂、古、七、廿、早、车、几、竹、斤、手、八、儿、门、小、米、心、耳、了、九、刀、臼、巴、马、弓、匕"等。

[注意]

个别字既是一级简码,又是二级简码或三级简码,这些字应采用最方便的输入法。请再做一次操作训练中的单根字综合练习,测一测你的录入速度提高了多少?

## 二、单根字中的简码录入练习

(1)在"任务二单根字录入练习"中,将单根字综合练习文字中的所有简码字找出来,并作上标记。例如,"一"字是一级简码即在其左上角加上一个"1",如图"[1] 一";"手"字是二级简码即在其左上角加上一个"2",如图"[2] 手"。

(2)重复录入练习 5 遍,你的最高录入速度是________字/分。

[课外餐]

在王码五笔字型输入法中,86 版(4.5 版)是目前用户使用最多的汉字输入法,它编码短、重码少、输入速度快。但在长期实践中也暴露了不少缺点,主要是存在某些违背语言文字规范取码、拆分和倒笔画的情况,这些都是学习中应特别注意的地方。这些不足在王永民教授的 98 王码五笔字型中得到了改进,98 版五笔字型更加完善和规范。由于 86 版的先入为主,98 版的五笔字型的装机用户大大少于 86 版的用户。

在王码公司最新推出的标准五笔字型 WB—18030 版中,考虑到了目前广泛使用的 86 版用户,而提供了对 86 版 100% 的兼容。在最新版的五笔字型中,86 版用户可以轻松、迅速上手。

86 版与 98 版的区别:

(1)对汉字的基本单元的称谓不同

86 版五笔字型中,把构成汉字的单元叫基本字根,在 98 版中,则称为码元。

(2)选取的基本单元数量不同

86 版五笔字型中,一共选取近 200 个基本字根,而 98 版中则共选取了 245 个码元。

(3)处理汉字的数量不同

86 版五笔字型中只能处理国标简体字的 6 763 个字,而 98 版不仅可处理国标简体字的 6 763 个字,还可以处理我国港、澳、台地区(BIG5)的 13 053 个繁体字,以及中、日、韩 3 国大字集中的 21 003 个汉字。

# 模块五 Mokuaiwu

## 合体字的输入

### 单元问题

- 什么是合体字？
- 从结构上将合体字分为几个类别？
- 从字型上将合体字分为几个类别？其代号是如何规定的？
- 合体字的拆分原则是什么？
- 合体字的编码规则是什么？
- 怎样应对难拆分的合体字？

〔目标〕

- 了解合体字的定义
- 能够区分合体字的不同结构
- 能够区分合体字的不同字型,知道不同字型的代号
- 理解合体字拆分的原则,并能熟练应用拆分原则正确地拆分汉字
- 掌握合体字的编码原则,并能正确添加末笔字型交叉识别码
- 掌握常用的难拆字的拆分方法
- 熟练掌握一级简码字和二级简码字的输入,了解三级简码字的应用
- 了解五笔字型对重码和容错码的处理方法
- 通过训练达到每分钟录入 50 个单字

# 任务一　认识合体字的编码规则

## 一、合体字的定义

合体字是由 2 个或 2 个以上的基本字根所构成的汉字。字集中的汉字除了 100 多个单根字外,其余都是合体字(也称为键面无的字)。

〔练一练〕

请从"六一儿童节是小朋友们最快乐的节日"这句话中分别找出单根字和合体字,并将结果填入表 5.1 中。

表 5.1　汉字类型登记表

| 汉字类型 | | 实例汉字 |
|---|---|---|
| 单根字 | | |
| 合体字 | 两根字 | |
| | 三根字 | |
| | 四根及四根以上字 | |

〔试一试〕

请你准备8张不同字根的卡片，如"口、囗、大、一、人、车、刂、月"等，这8个字根可组成的汉字有"回、因、天、合、咽、哈、输"等。请分别按两根字、三根字、四根字和四根以上字构成的汉字进行自由组合。

从表5.1和上面的练习中，可以看出合体字所包含的多个字根之间，要么上下、左右并列排放，要么相互交叉、套叠和嵌套，这样就形成了合体字的字型和结构，它在合体字的拆分和编码中起到了十分重要的作用。

## 二、汉字字型的分类及其代号规定

合体字的字型是指汉字的整体外观形状。汉字字型的分类及其代号如下：

①**左右型**：汉字可以分为相对独立的左右两部分，或左中右3部分。其代号规定为1。例如："排、语、例、难、列、数、外、彭"等字。

②**上下型**：汉字可以分为相对独立的上下两部分，或上中下3部分。其代号规定为2。例如："草、笺、露、色、芬、坚、党、旦"等字。

③**杂合型**：既不是左右型，又不是上下型的字。其代号规定为3。

例如："庄、疗、连、回、眉、屑、头、叉、串"等字。

当一些汉字不能正确判断其字型时，可用汉字结构进行分析，得出准确结论。

## 三、汉字结构的分类

汉字的结构共分为**单、散、连、交**等4种，其中合体字的结构可分为：散、连、交3类。

①**散结构**：是指构成汉字的基本字根之间有一定距离。

例如："汉、识、型、树、字、去"等字。

②**连结构**：是指由一个单笔画字根与一个基本字根相连接而成的汉字。

例如："自、千、血、生、灭、升、乡、亏、玉、太"等字。按规定凡是带点的两根字均属于连结构。

③**交结构**：是指字根之间相互交叉、套叠。

例如："农、击、句、疗、巨、局、未"等字。

〔练一练〕

在下面给出的合体字中找出散、连、交结构的汉字，并将结果填入表5.2中。

**表5.2 合体字结构分类表**

| 汉字 | 尔 果 置 笺 元 万 正 谁 仅 余 午 尚 气 斥 尺 百 申 |
|---|---|
| 散结构 | |
| 连结构 | |
| 交结构 | |

此外，汉字的结构与汉字的字型之间存在一定的联系，具体关系是：

- 只有散结构的字才可能分左右型或者上下型；反之，具有左右型和上下型特征的字，其结构一定是散结构。
- 凡是连结构和交结构的字一定是杂合型；反之，具有杂合型特征的字，其结构不是连结构，就是交结构。

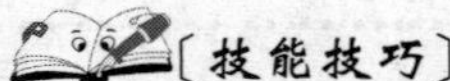〔技能技巧〕

判断汉字结构时，连结构容易引起混淆，但只要掌握好连结构的3个条件，就很容易判断了。这3个条件是：①两根字；②至少有一个单笔画；③2个字根相连。例如，“旦、么、个、旧、鱼、兄、另”等字都不是连结构，而是散结构。

当然要正确判断汉字的结构，还必须正确地拆分汉字。

**四、合体字拆分规则**

合体字的拆分是指将合体字拆分为基本字根。合体字能否正确输入，关键是其拆分是否正确。合体字的拆分原则是：**书写顺序、取大优先、能散不连、能连不交、兼顾直观。**

(1)书写顺序

汉字的书写顺序是指汉字从左到右，从上到下的书写顺序。书写顺序是合体字拆分的基本规则之一。在一些汉字不能正确地拆分、输入时，往往再重写一次该字，并按其书写顺序拆分就可以找到正确的解答。

例如：“典”字应拆分为：“冂、廿、八”。

“寒”字应拆分为：“宀、二、刂、一、八、冫”。

“曳”字应拆分为：“日、乙、丿”。

(2)取大优先

取大优先是指每次拆分出的字根都要尽可能的大，并且拆分出的字根数量最少。取大优先也是合体字拆分的基本规则之一，每个字的拆分都必须适合书写顺序和取大优先的原则。

例如：“无”字应拆分为：“二、儿”，而不能拆分为：“一、ナ、乚”，以保证拆分字根数量最少。

“克”字应拆分为：“古、儿”，而不能拆分为：“十、口、儿”。

“坝”字应拆分为：“土、贝”，而不能拆分为：“土、冂、人”。

(3)能散不连

能散不连是指如果能按散结构拆分，就不要按连结构拆分。它主要针对两根字的拆分，特别是可能有单笔画字根的情况。

例如：“采”字应拆分为：“爫、木”(散结构)，而不能拆分为：“丿、米”(连结构)。

“百”字应拆分为：“丆”和“日”字根(散结构)，而不能拆分为：“一、白”(连结构)。

“午”字应拆分为：“𠂉”和“十”字根(散结构)，而不能拆分为：“丿、干”(连结构)。

(4)能连不交

能连不交是指如果能按连结构拆分，就不要按交结构拆分。

例如：“生”字应拆分为：“丿、龶”(连结构)，而不能拆分为：“𠂉、土”(交结构)。

“天”字应拆分为：“一、大”(连结构)，而不能拆分为：“二、人”(交结构)。

“且”字应拆分为：“月、一”（连结构），而不能拆分为：“冂、三”（交结构）。

（5）兼顾直观

兼顾直观是指汉字的拆分尽可能考虑局部的完整性，拆分出的字根能直观地复原。例如：“世”字应拆分为：“廿、乙”。

“吏”字应拆分为：“一、口、乂”。

“段”字应拆分为：“亻、三、几、又”。

除以上合体字的拆分规则外，五笔字型还有一些特殊的规定，少部分合体字需要用以下方法去拆分。

• 正确判断“戈”字根。是否是“戈”字根，需观察“戈”字根的横笔画旁有无其他笔画与之相连或相交，如有，拆分时不再保留“戈”字根，而需按书写顺序拆分。反之，则保留“戈”字根的完整性。例如，“成”字的“一”旁边有“丿”与之相连，拆分时遵循书写顺序原则，先分为“厂”字根；“载”字的“一”旁无任何笔画与之相连或相交，拆分时保留“戈”字根的完整性；“俄”字的“一”中有“亅”与之相交，拆分时遵循书写顺序原则，拆分为“亻、丿、扌、乙、丶、丿”。

• 正确判断“囗”（方框）和“冂”（下框）字根。在含有“囗”和“冂”字根的汉字中，不应简单地用“囗”字根来判断，而应注意观察“囗”字根内有无其他字根的笔画与“囗”字根相连或相交，如有，拆分时需按书写顺序拆分，取“冂”字根；反之，则需先保留“囗”字根，再对“囗”字根内的其他部分进行拆分。例如，“圆”字的“囗”内其他字根的笔画和“囗”无相连相交，拆分时保留“囗”字根；“面”字的“囗”内有“刂”字根的笔画和“囗”相连，按书写顺序拆分，取“冂”字根；“曲”字的“囗”内有“艹”字根的笔画与“囗”相交，按书写顺序拆分，取“冂”字根。

• 正确理解“保证字根数量最少”的含义。在汉字拆分中，如一个字的拆分结果出现多种情况，按拆分结果，取字根数量最少的拆分方式。例如，“酋”字可能会拆分为“丷、冂、儿、二”和“丷、西、一”这两种情况，正确方法为取后者；“善”字可能会拆分为“丷、二、丨、丷、口”字根和“丷、丰、丷、口”字根这两种情况，正确方法为取后者。“半”字可能会拆分为“丷、十”字根和“丷、二、丨”字根这两种情况，正确方法为取前者。

### 五、合体字编码规则

合体字编码规则是：**按顺序取第一、第二、第三和最末字根的代码，如果不足四码（两根字和三根字）应附加末笔字型交叉识别码。**

〔练一练〕

对表5.3中列出的合体汉字进行拆分编码,对于两根字和三根字暂不考虑末笔字型交叉识别码。

表5.3 合体汉字的拆分编码

| 汉字 | 学生拆分结果 | 老师评讲结果 | 汉字 | 学生拆分结果 | 老师评讲结果 |
|---|---|---|---|---|---|
| 吏 | | | 首 | | |
| 丈 | | | 肃 | | |
| 甚 | | | 刺 | | |
| 寒 | | | 州 | | |
| 克 | | | 判 | | |
| 霞 | | | 扁 | | |

对于两根字和三根字,由于编码少而非常容易重复,为减少重码,应附加末笔字型交叉识别码加以区分。

## 六、末笔字型交叉识别码

(1)识别码出现的原因

• 某些汉字由于字根数相同、字根对应的字母键相同,因此带来编码相同,这类汉字中使用频度最高的字就用本编码,另外的字就使用识别码。

例如:处,自;全,伍;生,笺;下,正。

• 由于简化的输入方式出现,带来一些汉字简化后的编码与某些汉字的本身编码重复,使用频度不高的字则使用识别码。

例如:年,看;量,旦;得,利;就,京。

(2)末笔字型交叉识别码构成

**末笔字型交叉识别码代码 = 末笔代码(十位) + 字型代码(个位) = 字母键的代码**

例如,"丈"字的末笔为"丶",代码为4,字型为杂合型,代码为3,即识别码为43(I键)。因此,"丈"字的完整编码应该是DYI。

(3)识别码范围及键盘位置对应

由于汉字的笔画有5种,字型有3种,交叉组合后,识别码的组合方式有15种,分别对应到相应的键位,见表5.4。

表5.4 识别码转换字母表

| 字型 / 末笔画 | 左右型(1) | 上下型(2) | 杂合型(3) |
|---|---|---|---|
| 横1 | G (11) | F (12) | D (13) |
| 竖2 | H (21) | J (22) | K (23) |
| 撇3 | T (31) | R (32) | E (33) |
| 捺4 | Y (41) | U (42) | I (43) |
| 折5 | N (51) | B (52) | V (53) |

表 5.4 中列出的“11”等数字是二根字或三根字的识别码，将其转换为字母键的代码，即可以得到识别码(对应的字母键)。例如，“11”代表一区的第一位，即 G 键；“23”则代表二区的第三位，即 K 键。

〔注意〕

①不足 4 码的字也可能不加识别码就可以输入，即简码输入。

②如果一个字加了识别码后仍不足 4 码，则必须打空格键。

③加识别码时，右下角是“戈”和“戋”字根的，末笔为撇；最末一个字根是“力、乃、匕、九、刀”的，末笔为折。带全包围“口”字根和半包围字根的(尸、疒、广、厂、辶等)，应把被包围部分的末笔作为该字的末笔。

例如：“码”字拆分为“石”和“马”(编码为 DC)；“友”字拆分为“ナ”和“又”(编码也为 DC)，两字比较“友”可以不加识别码(二级简码)，而“码”的输入应加识别码。由于“码”的末笔为横，字型为左右型，所以笔画代码和字型代码的组合码为“11”，与之对应的识别码为字母 G，所以“码”的编码为“DCG”。

〔练一练〕

对表 5.5 中的汉字进行拆分，并找出相应规律。

**表 5.5 合体字拆分结果对照表**

| 汉 字 | 编 码 | 汉 字 | 编 码 | 相同点 | 不同点 |
|---|---|---|---|---|---|
| 公 | | 仅 | | | |
| 只 | | 叭 | | | |
| 细 | | 幼 | | | |
| 分 | | 仇 | | | |
| 生 | | 笺 | | | |
| 洒 | | 沐 | | | |
| 宁 | | 宋 | | | |
| 呆 | | 叮 | | | |
| 下 | | 正 | | | |

# 任务二　合体字录入训练

**一、两根字练习**

训练要点:不考虑附加识别码。

训练要求:练习 5 遍,达到每分钟录入 30 个字以上。

个 安 汉 字 时 全 他 分 李 只 好 达 吕 从 林 太 对 朋
明 亲 叶 记 支 计 夺 红 辽 伯 纪 们 折 机 间 细 休 打
训 妈 加 攻 条 耿 炎 扩 各 名 虽 边 轨 代 如 革 戏 钱
共 导 义 入 么 届 兴 光 村 针 找 相 庆 式 可 洒 皮 虹
类 内 队 员 邮 电 忆 交 具 家 另 虽 引 思

**二、三根字练习**

训练要点:不考虑附加识别码。

训练要求:练习 5 遍,达到每分钟录入 30 个字以上。

想 质 合 新 意 动 通 楼 勇 清 洁 将 指 况 语 数 者 培
按 简 终 谓 些 论 象 均 护 究 总 招 措 莫 创 沉 价 接
话 初 部 体 测 培 识 而 但 局 波 附 忠 系 算 刚 宗 赵
迅 响 济 效 复 依 适 别 始 织 材 层 次 众 严 非 泛 急
剧 略 盘 番 措 脑



**三、由 4 个基本字根或 4 个以上基本字根构成的合体字练习**

训练要点:取第一、第二、第三、末四个字根编码。

训练要求:练习 5 遍,达到每分钟录入 20 个字以上。

综 俗 智 壁 避 被 垒 冠 游 祝 悲 韭 影 命 俭 察 登 悬
监 鉴 匙 掌 够 脚 踏 辉 期 莹 船 漫 磨 敲 镇 翻 衡 踩
势 鼓 愈 露 擦 警 谬 赢

**四、含有连、交结构的合体字练习**

训练要点:该部分由于有连、交结构,拆分有一定困难。

训练要求:练习 5 遍,达到每分钟录入 20 个字以上。

下 生 开 天 来 果 业 出 本 无 反 曲 失 朱 末 甩 来 年
悉 础 毛 珑 徐 省 弯 即 很 沸 非 那 县 英 免 夹 奂 丧
印 柬 邦 兼 肃 缸 速 追 斜 怎 犹 鸟 座 造 道 教 便 使
望 型 策 扁 缓 勤 酣 善 衰 羚 选 删 都 核 垂 雍 疏 藏
寨 感 键 牌 鹅 裸 槽 制 幕 靠 溏 繁 逋 弊 穗 寡

## 五、末笔字型交叉识别码练习

训练要点：该部分汉字拆分较简单，但必须加识别码才能输入。

训练要求：练习5遍，达到每分钟录入20个字以上。

正　自　农　里　应　千　万　元　去　问　头　连　什　回　尔　等　章　单
场　判　状　青　走　固　置　床　圆　值　美　声　击　草　市　页　抗　苦
仅　京　升　苗　足　尺　杆　杜　岩　封　亩　余　云　粒　阻　艺　灭　血
厘　冲　钟　奴　润　冬　纹　矿　责　奇　告　幼　卡　逐　飞　伍　异　乡
兰　吗　杀　壮　企　牛　羊　疗　井　访　召　旱　悟　礼　伏　仗　雷　句
败　齐　库　庄　弄　赶　妄　扎　仁　音　亡　皇　甘　巨　午　尚　刃　刊
秧　渔　户　买　冒　犯　宋　香　忘　丹　浅　笺　拥　穴　岁　亦　予　尤
锈　芯　诀　巧　码　谁　利　匹　私

## 六、常用500字练习

训练要点：常用500字占文章的70%左右，加强常用字练习会达到事半功倍的效果。

训练要求：练习5遍，达到每分钟录入30个字以上。

的一国在人了有中是年和大业不为发会工经上地市要
个产这出行作生家以成到日民来我部对进多全建他公
开们场展时理新方主企资实学报制政济用同于法高长
现本月定化加动合品重关机分力自外者区能设后就等
体下万元社过前面农也得与说之员而务利电文事可种
总改三各好金第司其从平代当天水省提商十管内小技
位目起海所立已通入量子问度北保心还科委都术使明
着次将增基名向门应里美由规今题记点计去强两些表
系办教正条最达特革收二期并程厂如道际及西口京华
任调性导组东路活广意比投决交统党南安此领结营项
情解议义山先车然价放世间因共院步物界集把持无但
城相书村求治取原处府研质信四运县军件育局干队团
又造形级标联专少费效据手施权江近深更认果格几看
没职服台式益想数单样只被亿老受优常销志战流很接
乡头给至难观指创证织论别五协变风批见究支那查张
精每林转划准做需传争税构具百或才积势举必型易视
快李参回引镇首推思完消值该走装众责备州供包副极
整确知贸已环话反身选亚么带采王策真女谈严斯况色
打德告仅它气料神率识劳境源青护列兴许户马港则节
款拉直案股光较河花根布线土克再群医清速律她族历
非感占续师何影功负验望财类货约艺售连纪按讯史示
象养获石食抓富模始住赛客越闻央席坚

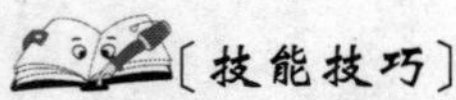
[技能技巧]

手指活动法

①单手指活动:在桌面上分别进行左右手击键动作训练,在敲击时桌面上发出声音则为击,反之则为按键动作(必须纠正的动作)。

②双手配合活动:从两手大拇指向小指方向训练、小指向大拇指方向训练;大拇指和小指同一方向的配合训练(相当于练钢琴时的键盘方向——从左到右,从右到左,中间向两边,两边向中间)

# 任务三　认识合体字拆分的特殊性

## 一、相似字的拆分对比

使用频度相同、字根数相同、字根构成相同的汉字,必须根据汉字拆分原则加以区分。见表5.6。

表5.6　合体字中相似字的拆分方法表

| 汉字 | 拆分方法 | 汉字 | 拆分方法 |
|---|---|---|---|
| 天 | 一、大 | 夫 | 二、人 |
| 开 | 一、廾 | 井 | 二、刂 |
| 午 | 𠂉、十 | 牛 | 𠂉、丨 |
| 矢 | 𠂉、大 | 失 | 𠂉、人 |

## 二、难拆字的拆分方法

在拆分汉字并编码输入时,总有一些难拆分的汉字,其难拆的主要原因在于人们书写习惯上的差异,因此按照人们的习惯很难拆分出这些字。下列汉字就改变了人们常见的书写顺序,请你画一画、想一想。

亥——拆分为"亠"、"乙"、"丿"和"人"字根(编码为YNTW)。

肺——拆分为"月"、"一"、"冂"和"丨"字根(编码为EGMH)。

夜——拆分为"亠"、"亻"、"夂"和"、"字根(编码为YWTY)。

尴——拆分为"𠂇"、"乚"、"刂"和"皿"字根(编码为DNJL)。

尬——拆分为"𠂇"、"乚"、"人"和"刂"字根(编码为DNWJ)。

凸——拆分为"丨"、"一"、"几"和"一"字根(编码为HGMG);

凹——拆分为"几"、"冂"和"一"字根(编码为MMGD)。

聚——拆分为"耳"、"又"、"丿"和"氺"字根(编码为BCTI)。

### 三、收集难拆分的汉字，将它们填入下表中

| 汉　字 | 拆分方法 | 编　码 | 备　注 |
| --- | --- | --- | --- |
| | | | |
| | | | |
| | | | |
| | | | |
| | | | |
| | | | |
| | | | |
| | | | |
| | | | |
| | | | |

## 任务四　全面认识简码输入方法

为提高汉字输入速度，减少汉字拆分耽误的时间，五笔字型输入法把一些使用频度高的汉字进行了简化，使用频度越高的汉字，编码越少。

简码输入有3类：一级简码、二级简码、三级简码。

### 一、一级简码

击打对应字母键和空格键即可输入的汉字称为一级简码汉字，也称为高频字。因为这些字在汉语言文字中使用频度极高，因此输入方法最为简便。一级简码见表5.7。

表5.7　一级简码表

| 一区 | 一G | 地F | 在D | 要S | 工A |
| --- | --- | --- | --- | --- | --- |
| 二区 | 上H | 是J | 中K | 国L | 同M |
| 三区 | 和T | 的R | 有E | 人W | 我Q |
| 四区 | 主Y | 产U | 不I | 为O | 这P |
| 五区 | 民N | 了B | 发V | 以C | 经X |

一级简码汉字共有25个，即A~Y这25个字母键每个对应一个高频字。在记忆时，要特别注意高频字并不等同于键面字，它们中大部分与对应键中的基本字根相关，也有几个高频字与所对应字母键中的基本字根无关，如“我”、“为”、“发”、“以”等。

25个高频字是必须记住的简码字。记忆的方法主要是将这25个字按区号和位号的顺序排列为5句5字词，即“一地在要工，上是中国同，和的有人我，主产不为这，民了发以

经”。在熟读的基础上加以记忆。

〔练一练〕

请在25个高频字中任取部分文字组成一些日常用语或短句子。例如“我是中国人，我要国产的”。又如“地不同了”。“工人以为主要是有民工”。

## 二、二级简码

击打前两个编码和空格键即可输入的汉字称为二级简码汉字。这类汉字在五笔字型输入法编码表中共有596个，占整个汉字频度的60.04%。二级简码见表5.8。

表5.8　二级简码表

| | GFDSA | HJKLM | TREWQ | YUIOP | NBVCX |
|---|---|---|---|---|---|
| G | 五于天末开 | 下理事画现 | 玫珠表珍列 | 玉平〇来〇 | 与屯妻到互 |
| F | 二寺城霜载 | 直进吉协南 | 才垢圾夫无 | 坟增示赤过 | 志〇雪支〇 |
| D | 三夺大厅左 | 丰百右历面 | 帮原胡春克 | 太磁砂灰达 | 成顾肆友龙 |
| S | 本村枯林械 | 相查可楞机 | 格析极检构 | 术样档杰棕 | 杨李〇权楷 |
| A | 七革基苛式 | 牙划或功贡 | 攻匠菜共区 | 芳燕东〇芝 | 世节切芭药 |
| H | 睛睦睚盯虎 | 止旧占卤贞 | 睡睥肯具餐 | 眩瞳步眯瞎 | 卢〇眼皮此 |
| J | 量时晨果虹 | 早昌蝇曙遇 | 昨蝗明蛤晚 | 景暗晃显晕 | 电最归紧昆 |
| K | 呈叶顺呆呀 | 〇虽吕另员 | 呼听吸只史 | 嘛啼吵噗喧 | 叫啊哪吧哟 |
| L | 车轩因困轼 | 四辊加男轴 | 力斩胃办罗 | 罚较〇辚边 | 思团轨轻累 |
| M | 〇财央朵曲 | 由则〇崭册 | 几贩骨内风 | 凡赠峭赕迪 | 岂邮〇凤嶷 |
| T | 生行知条长 | 处得各务向 | 笔物秀答称 | 入科秒秋管 | 秘季委么第 |
| R | 后持拓打找 | 年提扣押抽 | 手折扔失换 | 扩拉朱搂近 | 所报扫反批 |
| E | 且肝须采肛 | 胩胆肿肋肌 | 用遥朋脸胸 | 及胶膛膦爰 | 甩服妥肥脂 |
| W | 全会估休代 | 个介保佃仙 | 作伯仍从你 | 信们偿伙〇 | 亿他分公化 |
| Q | 钱针然钉氏 | 外旬名甸负 | 儿铁角欠多 | 久匀乐炙锭 | 包凶争色〇 |
| Y | 〇计庆订度 | 让刘训〇高 | 放诉衣认义 | 方说就变〇 | 记离良充率 |
| U | 闰半关亲并 | 站间部曾商 | 〇瓣前闪交 | 六立冰普帝 | 决闻妆冯北 |
| I | 汪法尖洒江 | 小浊澡渐没 | 少泊肖兴光 | 注洋水淡学 | 沁池当汉涨 |
| O | 业灶类灯煤 | 粘烛炽烟灿 | 烽煌粗粉炮 | 米料炒炎迷 | 断籽娄烃糨 |
| P | 定守害宁宽 | 寂审宫军宙 | 客宾家空宛 | 社实宵灾之 | 官字安〇它 |

续表

| | GFDSA | HJKLM | TREWQ | YUIOP | NBVCX |
|---|---|---|---|---|---|
| N | 怀导居○○ | 收慢避惭届 | 必怕○愉懈 | 心习悄屡忱 | 忆敢恨怪尼 |
| B | 卫际承阿陈 | 耻阳职阵出 | 降孤阴队隐 | 防联孙耿辽 | 也子限取陛 |
| V | 姨寻姑杂毁 | 叟旭如舅妯 | 九○奶○婚 | 妨嫌录灵巡 | 刀好妇妈姆 |
| C | 骊对参骠戏 | ○骒台劝观 | 矣牟能难允 | 驻骈○○驼 | 马邓艰双○ |
| X | 线结顷○红 | 引旨强细纲 | 张绵级给约 | 纺弱纱继综 | 纪弛绿○比 |

说明:先击纵标代码,再击横标代码。例:"本"的纵标在S、横标在G,编码组合为SG。"○"该符号包含2层含义,一为空缺,二是组合出来的字为一级简码字。加着重号的字,由于五笔字型输入法版本的不同可能无法输入。

二级简码汉字可在单根字和合体字汉字中出现,输入时,只需分别按相应的输入方法取前2码,加空格键即可。

例如:张——"弓、丿"(XT)　　陈——"阝、七"(BA)

燕——"廿、丬"(AU)　　睡——"目、丿"(HT)

二级简码汉字共有近600个,它们都是常用字。在单字录入时,使用简码方式输入的字越多,就会更多地减少汉字的拆分难度和击键次数,从而大大提高录入效率和速度。记忆二级简码有一定的难度,一般是先采取分类记忆的方法,然后通过专项训练逐步加深印象。例如,对照二级简码表,找出其中的中文数字,它们是"二、三、四、五、六、七、九、百、亿",等等;其中与色彩相关的字,它们是"红、绿、粉、棕、灰、赤",等等;其中与方位相关的字,它们是"下、左、右、东、南、北、前、后、内、外",等等;其中与称谓相关的字,它们是"你、他、它、姨、姑、舅、妯、奶、夫、伯、妈、姆、子、妻",等等。

〔练一练〕

对照二级简码表,找出下列类别的二级简码字,并填写在下面表格中。

| 类别名 | 二 级 简 码 字 |
|---|---|
| 姓 氏 | |
| 人体器官 | |
| | |

### 三、三级简码

击打前 3 个编码和空格键即可输入的汉字为三级简码汉字。这类汉字在五笔字型输入法编码表中共有 4 000 多个。

三级简码也可在单根字和合体字汉字中出现，输入时，只需分别按相应的输入方法取前 3 码，加空格键即可。

例：属——“尸、丿、口”（NTK）　　　　重——“丿、一、日”（TGJ）

由于三级简码汉字数量众多，而一级简码、二级简码和三级简码汉字的总数已超过了 5 千字，对于 GB 2312—80 字集的 6 763 个汉字而言，其余必须打满 4 个编码的字（全码字）已不足 2 000。因此，三级简码汉字的记忆可采用反向记忆的方法，即输入单字时，除一级简码和二级简码汉字外，其他汉字可大胆采用三级简码输入，如果遇见前三码不能输入的汉字，才将其记住，也就是通过记住全码字来实现记住三级简码字的目的。

总之，简码记得准确、记得多，对录入速度的提高越有帮助。简码字的记忆和使用量是靠日积月累的，除了专项练习外，特别注意从平时常用的汉字入手，如姓名、称谓，等等。简码特别有利于字根数较多，拆分较复杂的字，这样有利于节省拆分时间，避免拆分时的困难，例如，“餐、笔、晨、离”等。

［试一试］

测试训练强度（量）与熟练程度的关系

作业量、上机练习量的增大，对操作熟练程度的提高有密切的关系，俗话说“熟能生巧”，只要多做练习、理论和实际操作密切联系，就能够提高速度。

把 2 次练习后的成绩与 5 次、10 次练习后的成绩做比较。




## 任务五　正确使用学习键“Z”

在学习五笔字型汉字输入法的过程中，总会遇到一些疑难问题，这时可以通过查询附录中的五笔字型编码对照表，向老师和同学请教，也可以用学习键“Z”来代替有疑难的编码，从而查找出正确的编码，因此，“Z”键也称为“万能学习键”。

### 一、用“Z”键代替识别码

当操作者在输入某个字，对识别码又不熟时，用“Z”键代识别码位置，这时屏幕上将出现与输入字母相符合条件的一些汉字。

例：需要“自”字，用“TH”编码不能显示出该字，但又不会使用识别码时，此时可输入“THZ”，屏幕上将显示：表示第一字根在“T”键，第二字根在“H”上，第三字根为任意键的汉字（如图 5.1 所示）。要得到排列第一的汉字，可直接输入回车、也可输入数字键“1”，用 2 种方法都可把“自”字调到当前屏幕位置。

## 二、用“Z”键代替字根码

例:“缘”字,能分清第一字根、第三字根,第二字根不清楚时,此时可输入“XZE”(如图 5.2 所示)。

## 三、用“Z”键可代表多个字根码

例:“寡”字,会输入第一字根、最末字根,其他字根不知,此时可输入“PZZV”(如图 5.3所示)。

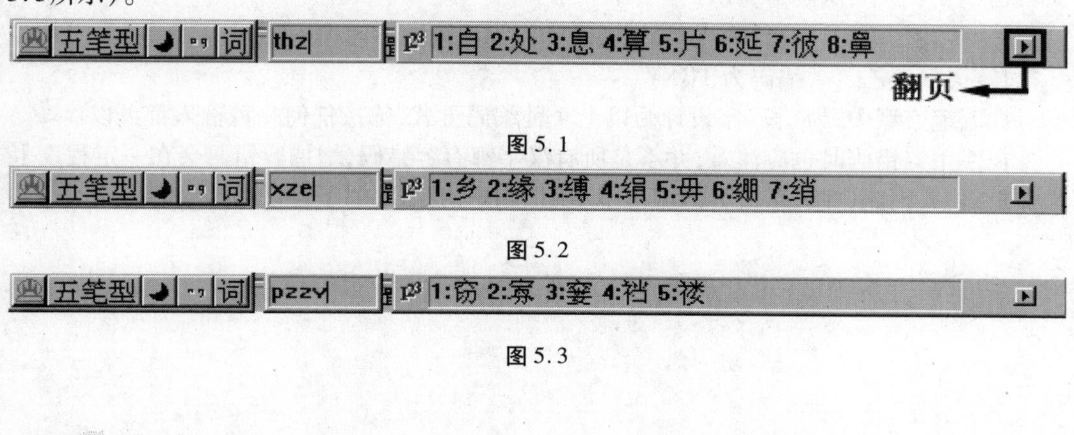


图 5.1

图 5.2

图 5.3

〔注意〕

由于五笔字型输入法版本不一,因此使用“Z”键时,会出现汉字排列顺序不同的现象。“Z”键尽可能不放在第一字根位置上。

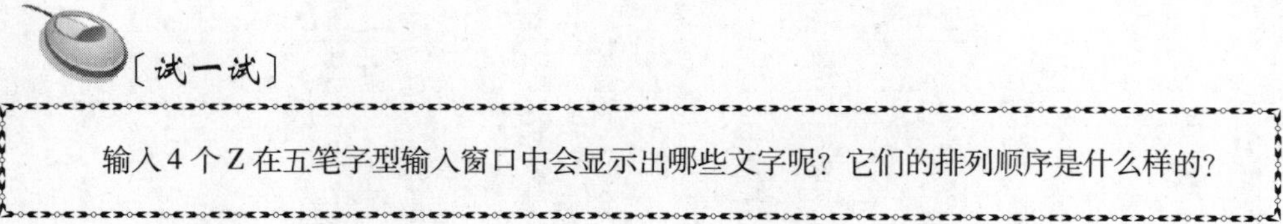

〔试一试〕

输入 4 个 Z 在五笔字型输入窗口中会显示出哪些文字呢?它们的排列顺序是什么样的?

# 任务六　认识重码和容错码

## 一、重码

如果 2 个以上的汉字或词组的编码相同,就形成了重码,如“寸”和“雨”的编码都是 FGHY。在五笔字型中由于字根的精心编排和末笔字型交叉识别码的使用,其重码率非常低,一般即使出现重码也最多只有两三字。当出现重码时,可以使用数字键选取,要输入第一位的字时,可以击打空格键或继续输入下文。

**二、容错码**

由于人们的书写顺序和对汉字的拆分存在一些差异,因此,在王码五笔字型中设计了容错码,即允许一些汉字有多个不同的拆分,也就是说有多个编码。

例如,“长”字的正确拆分是“丿、七、丶”,其编码是 TAYI。同时也有较多的人拆分为以下几种情况。

长:七、丿、丶,编码为 ATYI

长:一、乙、丿、丶,编码为 GNTY

长:丿、一、乙、丶,编码为 TGNY

在五笔字型中,为“长”字设计为以上 4 种编码方式,你按任何一种输入都可以。

在使用容错码时也应注意,并不是所有汉字都有容错码,增加容错码会在一定程度上增加重码率,因此,在最新流行的五笔字型版本中一般都取消了容错码的功能。

# 模块六 Mokuailiu

## 词组的输入

**单元问题**

- 词组的输入规则是什么？
- 所有的专业词汇都能以词组方式录入吗？
- 在文稿录入中怎样提高录入速度？

〔目标〕

- 了解词组输入的重要性
- 掌握词组的输入规则
- 掌握提高文稿录入速度的方法和技巧
- 通过训练达到每分钟录入 70 字综合文本

# 任务一　认识词组的编码规则

词组输入是各种汉字输入法都具备的功能，也是汉字键盘输入的特色之一，它为提高汉字输入速度起到了决定性的作用。在 86 版王码五笔字型中提供了约 14 200 多个词组，其中两字词约有 10 300 多个，三字词约有 2 200 多个，四字词约有 1 600 多个，四字以上词约有近 100 个。在五笔字型中，词组与单字是混合输入的，不需要任何切换，并且还可以很容易地添加新的词组。

## 一、认识词组输入的重要性

（1）词组方式输入能直接减少文字的编码数量，从而提高汉字录入效率和速度

在下面给出的一段文字中共 42 个字，如果以词组方式（用各种下划线标示）划分，则共有 19 个字词，即采用词组加单字的录入方式后，可以节省一半的打字时间。

“中央电视台报道：由于计算机知识在各行各业的广泛应用，在全国掀起了群众学习计算机的热潮。”

（2）手写输入可以取代键盘输入吗？

手写输入汉字是近年来应用十分广泛的汉字输入方式，随着其技术的日趋成熟，它的手写识别率已达到 99% 以上。尽管手写输入十分方便、准确，但是它主要采用单字输入方式，与键盘输入所提供的词组加单字的输入方式相比较，其文字录入速度是无法与键盘输入相比的。

〔想一想〕

从上面的各种词组的数量中，你认为词组录入训练重点应练好哪类词？二字词、三字词、四字词，还是四字以上词？

## 二、词组的编码规则

在五笔字型中，词组的编码均为四码。具体的编码方法与其中所含单字的数量而有

所区分,它们是二字词、三字词、四字及四字以上词。具体编码规则是:

(1)二字词编码规则

**按顺序取每个汉字的前两个编码,共同构成4个编码。**

例如:规则——“二、人、贝、刂”(FWMJ)

结果——“纟、士、日、木”(XFJS)

(2)三字词编码规则

**取第一和第二个汉字的第一个编码,再取第三个汉字的前2个编码,共同构成4个编码。**

例如:笔记本——“⺮、讠、木、一”(TYSG)

现代化——“王、亻、亻、七”(GWWX)

(3)四字及四字以上词编码规则

**取第一、第二、第三和最末一个字的第一个编码,共同构成4个编码。**

例如:各级领导——“夂、纟、人、巳、”(TXWN)

少先队员——“小、丿、阝、口”(ITBK)

中华人民共和国——“口、亻、人、囗”(KWWL)

中国人民解放军——“口、囗、人、冖”(KLWP)

政治协商会议——“一、氵、十、讠”(GIFY)

从上的词组编码规则可以看出,词组输入都是以四码方式输入。词组的编码被均匀地分布在词组中的各个汉字中,其中三字词的第三个字取前两码,四字及四字以上词是取第一、二、三、末4个字的第一个编码。词组中的汉字其编码最多的是取其前两码,当词组中包含一级简码(高频字)时,要注意其拆分和编码,特别是一级简码中其字根与所在键无关的汉字,如“有”、“我”、“不”、“为”、“发”和“以”等。例如,词组“所以”的编码应为RNNY,其中“以”字应拆分为“乙”、“丶”和“人”,其中前两个字根的编码是NY。

请在下列词组旁的括号内写出其编码。

| | | | |
|---|---|---|---|
| 工人 | (　　　　) | 中国 | (　　　　) |
| 因为 | (　　　　) | 以前 | (　　　　) |
| 发愤 | (　　　　) | 我的 | (　　　　) |
| 不然 | (　　　　) | 有些 | (　　　　) |
| 国务院 | (　　　　) | 民主集中制 | (　　　　) |

在你生活和学习中一定有一些经常使用的词组,请在表6.1中,列出其中的3~5个词组实例和它们的编码,并在上机实习时试一试,看是否能够正确输出。

**表6.1　生活、学习中常用的词组实例表**

| 词组类型 | 词组实例及其编码 |
|---|---|
| 二字词 | |
| 三字词 | |
| 四字及四字以上词 | |

在大多数五笔字型输入法软件中,都收入了5 000条以上基本的常用词组。这些词组在中文文章中占总字数的70%。用户还可以用造词软件扩充词组,特别是适合自己需

要的专用词组。

〔想一想〕

文章中的所有词组是不是都能按词组方式输入？不能组成词组的单字，又怎样快捷地输入呢？

**三、怎样提高文字录入速度**

①在国家最新汉字字集 GB 18030—2000 中已收录了多达 27 000 多个汉字，而常用的却只有 3 000 字左右。据《现代汉语频率词典》对 180 万字的统计结果显示，最常用的前 300 字出现的累计频率为 69.2%，前 500 字出现的累计频率为 79.76%，前 1 000 字出现的累计频率为 91.36%，前 3 500 个常用字在文章中的覆盖率已达 99.48%。由此可见，在汉字录入训练时，应把常用字录入训练作为突破口，以达到事半功倍的训练效果。

②针对五笔字型词组和单字混合输入的情况，可将词组也加入频度统计。表 6.2 是对一篇 6 000 字文章的统计结果，根据表 6.2 你可以总结出什么样的字词录入方式呢？

**表 6.2　五笔字型字词频度分析（总字数：6 000）**

| 汉字类别 / 使用频度 | 词组 | 高频字 | 键名字 | 成字字根 | 二级简码 | 加识别码字 | 不加识别码字 |
|---|---|---|---|---|---|---|---|
| 单字/% | | 18.1 | 3.6 | 10.67 | 60 | 5.7 | 2 |
| 应用文章/% | 70 | 5.4 | 1.1 | 3.2 | 18 | 1.7 | 0.6 |

在中文文章录入时，要尽可能使用词组输入方式，单字的输入也应尽可能简化，文章输入的取码的优先级顺序为：

词组 → 高频字 → 二级简码汉字 → 无识别码合体字 → 有识别码汉字

# 任务二　词组录入训练

**一、二字词练习**

训练要点：注意高频字的拆分。

训练要求：15 分钟以内完成。

| | | | | | | | | |
|---|---|---|---|---|---|---|---|---|
| 工作 | 工人 | 工程 | 工种 | 爱国 | 爱人 | 职业 | 职工 | 知识 |
| 知道 | 安静 | 安排 | 安置 | 爸爸 | 妈妈 | 爷爷 | 奶奶 | 叔叔 |
| 姐姐 | 弟弟 | 妹妹 | 白天 | 早晨 | 晚上 | 半夜 | 凌晨 | 上午 |
| 下午 | 半径 | 半球 | 半边 | 半截 | 保管 | 保护 | 保卫 | 打仗 |
| 打架 | 打针 | 学校 | 学习 | 学科 | 单独 | 单位 | 单元 | 当代 |

| 当天 | 当时 | 时代 | 时间 | 党派 | 党内 | 党外 | 档案 | 道德 |
|---|---|---|---|---|---|---|---|---|
| 道理 | 特殊 | 建设 | 降价 | 结论 | 结果 | 节日 | 节目 | 节省 |
| 经济 | 经常 | 经费 | 经过 | 里面 | 里边 | 理想 | 理由 | 理解 |
| 连接 | 连忙 | 连续 | 灵活 | 灵敏 | 灵巧 | 领先 | 领导 | 领袖 |
| 亲密 | 亲自 | 亲人 | 勤奋 | 勤俭 | 清楚 | 清单 | 清洁 | 思考 |
| 思维 | 思想 | 英勇 | 英国 | 英语 | 勇敢 | 勇气 | 勇于 | 用途 |
| 用意 | 主观 | 主要 | 主力 | 主义 | 制造 | 制作 | 表现 | 表演 |
| 表示 | 表情 | 表面 | 动物 | 动员 | 动作 | 动态 | 动静 | 动员 |
| 高明 | 高原 | 高低 | 高兴 | 高中 | 高价 | 高速 | 交换 | 交通 |
| 交代 | 交易 | 熟练 | 熟悉 | 成熟 | 成绩 | 成败 | 成效 | 成功 |
| 建设 | 建成 | 建议 | 作业 | 作文 | 作品 | 尊敬 | 遵守 | 弊病 |
| 基本 | 基础 | 方法 | 方向 | 方面 | 方案 | 地面 | 地方 | 地球 |
| 地点 | 地下 | 原稿 | 原因 | 调节 | 调价 | 调整 | 普遍 | 普及 |
| 力量 | 力气 | 被子 | 被迫 | 重视 | 重点 | 重要 | 书籍 | 读书 |
| 弊病 | 弊端 | 利弊 | 严肃 | 严格 | 严惩 | 严重 | 散步 | 散会 |
| 散件 | 散文 | 版主 | 菜鸟 | 潜水 | 楼主 | 沙发 | 恐龙 | 黑客 |

## 二、三字词练习

训练要点:前两字各取首码,第三字取前2码。注意高频字的拆分。

训练要求:10分钟以内完成。

| 工程师 | 工作证 | 共产党 | 共青团 | 世界杯 | 世界观 | 出版社 |
|---|---|---|---|---|---|---|
| 出租车 | 联合国 | 联系人 | 孙悟空 | 孙中山 | 卫生部 | 卫生间 |
| 对不起 | 对角线 | 圣诞节 | 通讯录 | 通知书 | 百分比 | 百家姓 |
| 大气层 | 大熊猫 | 大学生 | 有利于 | 有时候 | 二进制 | 进一步 |
| 直流电 | 直辖市 | 不得已 | 不在乎 | 青春期 | 青年团 | 事实上 |
| 天安门 | 天然气 | 五线谱 | 五一节 | 现代化 | 现阶段 | 党支部 |
| 党中央 | 消防车 | 消费者 | 注意力 | 电冰箱 | 电视台 | 星期一 |
| 中秋节 | 中学生 | 国防部 | 国庆节 | 同志们 | 邮政局 | 必然性 |
| 乒乓球 | 机器人 | 机械化 | 各方面 | 各民族 | 科学家 | 怎么样 |
| 重庆市 | 自行车 | 自尊心 | 奖学金 | 交流电 | 交通警 | 新华社 |
| 新中国 | 阅览室 | 总经理 | 传染病 | 公务员 | 公有制 | 介绍信 |
| 领事馆 | 全世界 | 全中国 | 人民币 | 人生观 | 练习题 | 高血压 |
| 高中生 | 计算机 | 摩托车 | 为什么 | 文化宫 | 文学家 | 白骨精 |

## 三、四字及四字以上词练习

训练要点:按顺序打第一、二、三、末4个字的第一编码。注意高频字的拆分。

训练要求:15分钟以内完成。

| 卧薪尝胆 | 落花流水 | 蒸蒸日上 | 熙熙攘攘 | 勤勤恳恳 | 勤工俭学 |
|---|---|---|---|---|---|
| 戒骄戒躁 | 巧夺天工 | 若无其事 | 劳动模范 | 劳动人民 | 劳动纪律 |
| 惹事生非 | 莫名其妙 | 世界纪录 | 黄金时代 | 世外桃源 | 基本原则 |

基本路线　草木皆兵　鞠躬尽瘁　医疗卫生　茁壮成长　共产党员
工商银行　共产主义　工人阶级　工作总结　工作人员　出其不意
孜孜不倦　孤陋寡闻　除此之外　孤注一掷　随心所欲　出类拔萃
职业道德　随机应变　联系实际　联系群众　承前启后　出谋划策
艰苦奋斗　艰苦卓绝　艰难险阻　参考消息　参考资料　马到成功
对外开放　马克思列宁主义　历史唯物主义　喜马拉雅山
政治协商会议　理论联系实际　五笔字型计算机汉字输入技术
中国共产党　中国银行　中央电视台　中央委员会
中华人民共和国　四个现代化　内蒙古自治区　发展中国家
民主集中制　宁夏回族自治区　毛泽东思想　辩证唯物主义
全国各族人民　为人民服务　评论员文章

**四、中文文章综合练习**

训练要点：尽可能按词组和简码字输入。

训练要求：15 分钟以内完成。

## 青春的坐标

我们正拥有青春。

青春，那是一个多么活泼的字眼，人们常用绿色来比喻青春。绿色，是生命的颜色；而青春，它寓示着生命、热情和那无边无际的青春的畅想……

青春是一个多梦的季节，虽然那梦总如断线的风筝般随风而逝。对于失败，我们是不会显露出一丝的失落和茫然的，因为一个声音总在我们耳边呼啸——年轻没有失败。

我愿把青春比作坐标。坐标的原点就是畅想，没有原点的坐标是不可想像的；同样，没有畅想的青春亦是干枯的。于是，畅想由原点向 $x$ 轴和 $y$ 轴发散开去……



瞧，$x$ 轴上那一点点分别代表着什么呢？喔，是“跌倒，站起，跌倒，站起……”咦，怎么就是没有“屈服”呢?！是的，在青春的字典里，压根儿就没有“屈服”一词。拼搏，那才是青春的本色，正如贝多芬所感叹的那样——我要扼住命运的咽喉，它休想使我屈服！

正确的失败观使我们只懂得拼搏而不知何为“屈服”。如果你已失败 999 次，你将如何做？我们异口同声——去争取第 1 000 次的失败！

（摘选自《初中生之友·青春号》作者：凌霄）

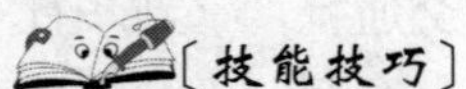


在文章中单字和词组是混合在一起的，录入过程多采用词组方式就会提高文章的录入速度。在文章中判断单字与词组，以及词组的类型的主要方法有：

①边录入边默读文章，这样比较容易读出文章中的词语。

②加强词组的分类练习，特别是 4 字及 4 字以上词的练习，熟悉该输入法中的各类词组。在文章录入时，先考虑多字词的输入，在不能输入时考虑按二字词或三字词输入。

# 任务三　配置自己的输入法

### 一、设置词语输入和词语联想功能

在初学五笔字型汉字输入法时,用考虑设置"逐渐提示"和"外码提示"功能,即当你敲击每一个汉字编码后,系统会提示其余编码和可能组合成的汉字。如果再增加"词语联想"和"词语输入"设置,即提示单字的同时提示可能的词组。它对字词编码有困难的操作者,提供实时的帮助。

具体操作步骤为:右击输入法状态条,在出现下拉式菜单中选取属性项,即会出现输入法设置对话框,见图6.1。

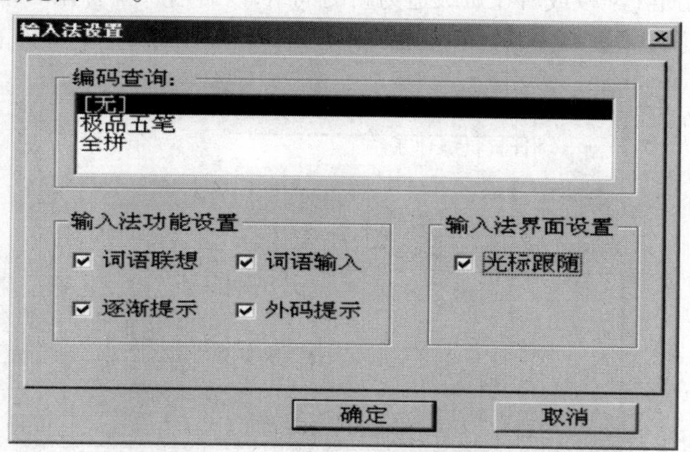


图6.1

在对话框中,单击功能项前面的复选框,即可以选中或取消该项功能。

### 二、所有的专业词汇都能以词组方式录入吗

目前,流行的各种汉字输入法一般都具有上万条的词组,并且支持较丰富的造词功能。尽管如此,也不是所有的专业词汇都能以词组方式录入,因为词组过多一般会使字词之间的重码率上升,并且大量的词组库也会占据一定的存储空间。对于主要用于专业词汇录入的计算机,可以安装专用词组库,如教育类词库、医学类词库、电子类词库,等等。同时也可以通过汉字输入系统提供的手工造词的功能,把经常使用的专业词汇,甚至是一些句子造成词组。

### 三、手工造词

①右击输入法状态条,在出现的菜单中,选取手工造词项,出现手工造词对话框,见图6.2。

②在词语框处输入需要汉字,外码框处则显示出汉字的第一、第二、第三和最末字的第一字根编码,构成汉字的词组编码。继续造词,只需按添加按钮即可。如新造词组"计

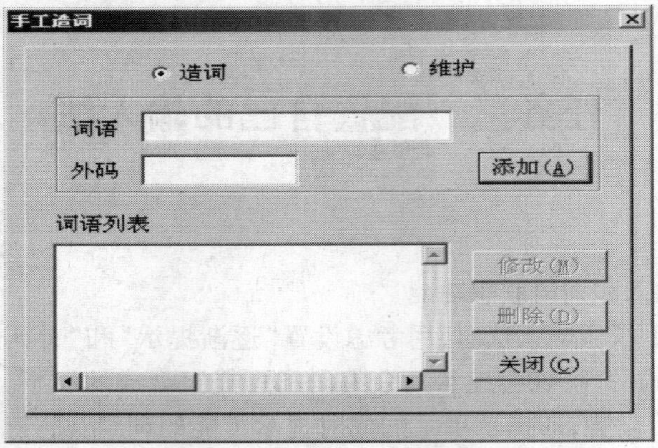

图 6.2

算机操作系统”,关闭对话框后,只要输入编码“ytsx”,则出现该词组,如图 6.3。如果能把你会频繁使用的所在学校或所在班级造为新的词组,以后输入就会轻松许多了。

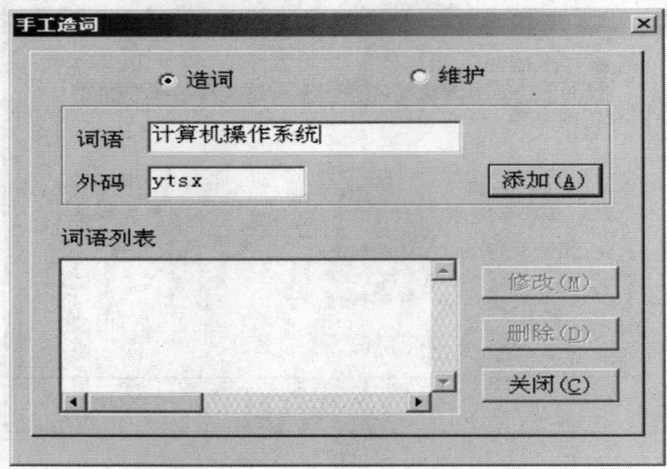


图 6.3

# 模块七 Mokuaiqi

## 行业要求

**单元问题**

- 学习文字录入技术的学生可以胜任哪些工种？
- 适合录入员、计算机操作员的工作岗位和要求是怎样的？
- 计算机文字录入处理员工种考核标准
- 人力资源和社会保障部职业鉴定中心对资格证书的认定要求

〔目标〕

- 了解中职计算机文字录入员认证标准
- 了解相关行业的用工要求和考核办法
- 拟定就业目标和训练计划

# 任务一　做好就业前的准备



随着我国职业准入制度的确立和逐步完善,职业资格证书已成为人们择业的“通行证”。目前,人力资源和社会保障部依据《中华人民共和国职业分类大典》确定了实行就业准入的87个职业目录,其中包含了办事人员和有关人员中的计算机操作员。本模块主要提供了国家相关部门(重庆市职业技能鉴定指导中心、人力资源和社会保障部职业技能鉴定中心)拟定的对计算机操作员的技能要求,以及用人单位对计算机操作人员的用工要求。希望它能够帮助你拟定切合自身实际的就业目标和训练计划,为今后迎接社会的挑选,打下坚实的基础。

## 一、学习文字录入技术的学生可胜任的工种



(1)计算机录入员

计算机录入员是使用计算机、打字机等文字处理设备进行文字录入、排版等工作的人员。从事的工作主要包括:

①使用计算机、打字机进行中英文等文字及图表资料的录入、排版;

②在计算机中修正已校对的稿件;

③保管和维护文字处理设备及文件媒体。

(2)计算机操作员

使用计算机从事文字、图形、图像等信息处理工作及计算机系统操作维护与管理的人员。从事的工作主要包括:

①使用计算机输入处理文字、数据、图形、图像、声音等信息;

②使用计算机及外部设备对数据信息进行输出;

③对计算机系统进行操作维护及管理;

④操作计算机网络系统,进行信息收集、整理与传输。

在《中华人民共和国职业分类大典》中把计算机文字录入处理员也归入到计算机操作员中。

(3)秘书

从事界定程序性工作,协助领导处理政务及日常事务并为领导决策及其实施提供服

务的人员。从事的工作主要包括：

①使用办公设备处理公文和信函，起草有关文件、信件；

②进行有关业务联系、事务处理；

③接待来访，处理各方面查询事项；

④安排会议、会谈，并做记录；

⑤管理有关文件档案。

## 二、适合计算机录入员、计算机操作员的工作岗位和相关行业的用工要求

从20世纪80年代初开办中职计算机专业以来，各级各类职业学校已为社会培养了一大批思想素质高、专业技能强的职高学生，他们分布于各行各业，并为所在单位的办公信息化进程作出了较大的贡献。现在对相关行业和工作岗位要求归纳如下：

(1)适合录入员、计算机操作员的工作岗位

适合录入员的工作岗位：政府机关、银行、证券、保险、新闻出版及印刷单位、路桥及工程设计、广告公司、学校、网络及计算机公司、商场、房地产公司、宾馆和其他服务行业的单位等。

(2)对录入员和计算机操作员的技能要求

**新闻出版及印刷单位**：从事文字排版和数据录入。要求能正确辨认各种字体，能根据文章内容正确认识草书，输入速度120字/分以上(用文稿录入方式)，错误率不超过0.3%，能对汉字进行插、删、改操作、能正确认识和正确运用各种校改符号，有连续录入数小时文稿的能力，熟悉Page Maker和北大方正排版系统等。(附校改符号表)

**政府机关**：进行数据录入和文字处理工作。要求有一定文字功底，能正确辨认各种字体，能根据文章内容正确认识草书，熟悉红头文件的输入格式，输入速度100字/分以上，错误率不超过0.3%。

**银行、证券、保险公司**：进行数据录入、数据库、网络维护和银柜工作。要求能准确进行数据的录入，正确使用小键盘，能用左手翻阅单据、右手操作小键盘(录入数字)，数字录入速度为150字/分以上；准确录入汉字，达到80字/分以上，懂数据库操作和一定的财务知识。

**电脑公司**：从事网络、计算机安装调试和软件维护、编程等工作。要求能进行打字、复印操作，能认识各种规格纸张，快速辨认草书，并能进行输入，能解决计算机出现的一些小故障，熟悉硬件、网络知识和VB，VC，VFP等语言。

**企业技术设计部门**：从事工程图形图像设计。要求熟悉AutoCAD，有一定机械制图知识。

**广告公司**：从事广告图形图像设计。要求熟悉Photoshop类软件，有一定美术功底。

**学校**：从事网络和计算机维护。要求熟悉硬件和网络知识。

**商业企业**：从事财务电算化和电脑收银。要求熟悉财务电算化、文字处理。

**电信企业**：从事网络管理、通讯维护、数据处理。要求网络基础、电子通信数据维护。

**电脑营销企业**：从事计算机组装、维护。要求熟悉硬件和销售。

## 三、计算机文字录入处理员工种考核标准

本标准摘选自《常用国家职业技能鉴定规范》(考核大纲)选编。

## 初、中级计算机文字录入处理员

| 鉴定范围 | 初级要求 | 鉴定范围 | 中级要求 |
| --- | --- | --- | --- |
| 汉字输入方法的一般理论 | 1. 懂得笔画、字根、汉字的概念和内在关系 | 中文信息处理系统的主要工作环境及技术要求 | 1. 具有较高水平的语言文字基础和文法修养，熟悉国家对公文处理所颁布的公文标准及所在部门的行文规定 |
| | 2. 熟练掌握“五笔字型”、拼音等几种常用汉字输入方法的基本原理 | | 2. 熟悉各类文件不同的录入格式及其输出质量的要求 |
| 有关编辑、排版软件的一般知识 | 1. 能识别宋、仿、楷、黑4种字体并了解其在公文或书刊中用法 | 有关编辑、排版软件的一般知识 | 1. 懂得有关“背景”“前景”“字修饰”以及各种字体的知识 |
| | 2. 能识别0～7号字，并了解其在公文或书刊中的用法 | | 2. 懂得复杂表格的制作、加工、填字、增删行列的方法 |
| | 3. 了解“字距”与“行距”的概念及其作用 | | 3. 懂得常见的有关编辑、排版软件的一般情况 |
| | 4. 懂得什么是版心及天头、地脚、订口、切口及开本的含义 | | |
| | 5. 了解页码的常见位置和常见形式 | | |
| | 6. 了解什么是排版的“禁则”并举出禁则实例 | | |
| 中文信息处理的常见内容 | 1. 熟悉国家颁布的16种标点符号 | 字符的识别 | 1. 能迅速识别各种字体及该字体中的繁体字和异体字以及错别字 |
| | 2. 能准确判断常用简化字 | | 2. 能识别手写体的外文字符 |
| | 3. 能识别常用外文字符及数学、物理、化学符号以及非正文符号、校对符号和注解符号 | | 3. 熟悉计算机能处理的所有标点符号 |
| | 4. 有一定的文法修养和语言文字专业基础知识，能贯通文字、指出错误的用字、用词 | | 4. 能较快地适应不同人的手写字体 |
| 文字输入的技术指标 | 难度一般的印刷体连续文本的生稿，使用“五笔字型”、区位、拼音等常用输入方法，平均每分钟录入汉字不少于60个正确汉字。错误率不高于0.4%，或每分钟输入英文字符不少于180个，其错误率不高于0.2% | 文字录入的技术 | 使用“五笔字型”、区位、拼音等常用输入方法，录入难度一般的连续文本，且为印刷体的生稿，达到平均每分钟录入不少于90个正确的汉字。错误率不高于0.3%，或每分钟输入英文字符不少于220个，其错误率不高于0.1% |

续表

| 鉴定范围 | 初级要求 | 鉴定范围 | 中级要求 |
|---|---|---|---|
| 按照一般文件的排版要求，独立完成文件的制作 | 1. 能实现字体、字型字号、行距、字距的控制<br>2. 能处理好大标题、小标题、自然段、分页、页号、文尾和禁则<br>3. 能选择合适的打印驱动程序并将文件从打印机输出 | 字处理或排版软件的使用 | 1. 能熟练地编辑出美观的文书文件<br>2. 熟悉文件的分类、整理、衔接、排序检索的方法 |
| 制作表格 | 能在规定时间内制作出符合要求的简单表格 | 制作表格 | 能制作较复杂的表格 |

## 四、人力资源和社会保障部职业鉴定中心对资格证书的认定要求

全国计算机信息技术考试办公软件应用模块(Windows 系列)操作员级考试(中级)要求如下:

**第一单元:Windows 系统操作**　(10 分)

1. Windows 操作系统的基本应用:进入 Windows 和资源管理器,建立文件夹,复制文件,重命名文件;

2. Windows 操作系统的简单设置:设置字体和输入法。

**第二单元:文字录入与编辑**　(12 分)

1. 建立文档:在字表处理程序中,新建文档,并以指定的文件名保存至要求的文件夹中。

2. 录入文档:录入汉字、字母、标点符号和特殊符号,并具有较高的准确率和一定的速度;

3. 复制粘贴:复制现有文档内容,并粘贴至指定的文档和位置;

4. 查找替换:查找现有文档的指定内容,并替换为不同的内容或格式。

**第三单元:格式设置与编排**　(12 分)

1. 设置文档文字、字符格式:设置字体、字号、字形;

2. 设置文档行、段格式:设置对齐方式、段落缩进、行距和段落间距;

3. 拼写检查:利用拼写检查工具,检查并更正英文文档的错误单词;

4. 设置项目符号或编号:为文档段落设置指定内容和格式的项目符号或编号。

**第四单元:表格操作**　(10 分)

1. 表格的行、列修改:在表格中交换行和列,插入或删除行和列,设置行高和列宽;

2. 表格的单元格修改:合并或拆分单元格;

3. 设置表格的边框线:设置表格中边框线的线型、线条粗细和表格内的斜线;

4. 新建表格:在文档中插入指定行列的表格。

**第五单元:版面的设置与编排**　(12 分)

1. 设置页面:设置文档的纸张大小、方向,页边距;

2. 设置艺术字:设置艺术字的式样、形状、格式、阴影和三维效果;

3. 设置文档的版面格式：为文档中指定的行或段落分栏，添加边框和底纹；

4. 插入图文框和图片：按指定的位置、大小和环绕方式等，插入图文框和图片；

5. 插入注释：为文档中指定的文字添加脚注、尾注或批注；

6. 设置页眉页码：为文档添加页眉（页脚），插入页码。

**第六单元：工作簿操作　（19分）**

1. 工作表的行、列操作：插入、删除、移动行或列，设置行高和列宽，移动单元格区域；

2. 设置单元格格式：设置单元格或单元格区域的字体、字号、字形、字体颜色，底纹和边框线，对齐方式，数字格式；

3. 工作表的插入设置：为指定内容定义单元格名称，添加附注；

4. 多工作表操作：重命名工作表，将现有工作表复制到指定工作中；

5. 工作表的打印设置：设置打印区域、打印标题；

6. 输入公式：利用公式输入程序输入指定的公式；

7. 建立图表：使用指定的数据建立指定类型的图表，并对图表进行必要的设置。

**第七单元：数据计算　（15分）**

1. 公式、函数的应用：应用公式或函数计算机数据的总和、均值、最大值、最小值或指定的运算内容；

2. 数据的管理：对指定的数据排序、筛选、合并计算、分类汇总；

3. 数据分析：为指定的数据建立数据透视表。

**第八单元：综合应用　（10分）**

1. 选择性粘贴：在字表处理程序中嵌入电子表格程序中的工作表对象；

2. 文档与表格的转换：在字表处理程序中按要求将表格转换为文档或将文档转换为表格；

3. 记录（录制）宏：在字表处理程序或电子表格程序中，记录（录制）指定的宏；

4. 邮件合并：创建主控文档，获取并引用数据源，合并数据和文档。





## 五、拟定训练考试计划

根据课程安排和考核时间，请你拟定详细的训练计划和训练目标，并将计划内容填写在面的表格中。

**表7.1　计算机录入员训练、考试计划**

| 项　目 | 内　　容 |
|---|---|
| 考试名称 | |
| 考试日期 | |
| 考试要求 | |
| 近期训练计划 | |

# 任务二　掌握训练考试技巧

## 一、因地制宜提高训练的效率

计算机的录入训练需要付出艰苦的劳动，要想达到计算机初级和中级录入员要求，就必须持之以恒地训练。目前，有部分学校受到计算机设施设备的限制，学生计算机录入的上机训练时间不多，这不利于集中、高强度训练来提高录入成绩。对于这种情况，一是可以利用课余时间来补充，二是可以购买一张带有五笔字型键位图的键盘卡片，或用一个旧键盘来提高训练强度，快速突破录入中的难点。

## 二、如何准备考试

①心理上要重视专业技能的认证考试，但又不能过分紧张，因为过分紧张不但影响技术发挥，也容易引起不必要的失误。

②考前应准备好必备的用具，如准考证、笔、身份证件等。

③录入前最好先检测一下录入设备，特别是键盘。

④录入中要注意打字的节奏，击键时不要用力过大。

## 三、了解后续课程和行业认证

在教师或学校教务处了解本专业的后续课程，以及与它们相关的行业认证，并列出一张专业课程与认证的对照表。结合自身的特点拟定一份二至三学年的计算机专业技能训练和考核计划。

**表 7.2　行业认证考试规划表**

| 学　期 | 专业课程名称 | 行业认证名称 | 认证考试的主要内容 | 适应工种 |
| --- | --- | --- | --- | --- |
| | | | | |
| | | | | |
| | | | | |

# 附录 Fulu

# 常用五笔字型输入方法简介

自从王码五笔字型汉字输入法发明以来,已出现数十种“××五笔”和“五笔××”的汉字输入法。它们中绝大部分都是基于86版王码五笔字型编码规则的,并在大字集的支持、字词句的智能输入、词库的管理等方面,对标准王码五笔字型汉字输入法进行了扩充。在这些输入法中比较有代表性的是万能五笔多元输入法和陈桥智能五笔输入法。下面,具体介绍这2种输入法的特点、软件安装和使用方法。



## 万能五笔多元输入法

万能五笔多元输入法(以下简称万能五笔)是一个集成了五笔字型、全拼、双拼、英语、笔画等多种输入法的多元输入法,它以多重(多元)汉字编码代替传统的单一编码。在万能五笔输入状态下,对任一个汉字或词组短语,同时存在多种编码输入途径。例如输入词组“学生”,可以输入五笔字型编码“iptg”,也可以输入全拼编码“xuesheng”,还可以输入英语编码“student”,这样当使用某一种输入法输入有困难时,就可以直接使用别的输入法输入,而不必进行切换。

万能五笔是一种共享软件,可以在万能五笔的网站(http://www.wnwb.com/)中下载其最新的版本。网上下载的试用版的安装十分简单,只要运行下载的安装文件即可。正版软件是一张软盘,可以在“我的电脑”中,双击“3.5英寸软盘A:”中的“万能五笔的W图标”,也能够方便地安装。如果你的系统是Windows 2000或Windows XP,在安装完成之后,应在计算机任务栏的“开始”按钮处点“注销”或重新启动计算机,万能五笔就可以使用了。

附图 1.1

万能五笔和一般的操作系统内置的输入法有所不同,它采用EXE外挂式输入,可以在中英文繁简体Windows 95,Windows 98,Windows NT,Windows 2000,Windows XP及外挂中文平台中使用。使用万能五笔时,可以双击桌面上的万能五笔图标,即可进入万能五笔的输入状态(附图1.1),而无须在任务栏输入法窗口中调用(为兼容中国大陆用户的习惯,在中文Windows系统中也可以在任务栏输入法窗口中调用)。万能五笔的其他功能和使用方法如下:

## 一、常规取字功能

①重复输入最近上屏的字词,可以按 Ctrl + \ 即可。

②如果输入的是第一位的字词,可以按空格键选字;若输入的是第二位的字词,不必按数字 2 键,而是按基本键位中的 ; 键。

③智能判别标点符号,即在中文输入状态下输入"3.14"时,可以直接输入,系统会自动判断,而不会输入为"3。14",这样就不用频繁切换输入法了。

④系统提供了 12 大类的特殊符号供输入时选择,你可以通过 Ctrl + 数字快捷键来启动。

⑤提供编码上屏功能。如输入汉字"学"的编码"ip",按键盘左上方的 ` 键,则其对应编码"ip"上屏。

⑥提供半角英文字符直接上屏功能。需要输入半角英文字符时,可以使用 ; + 英文字词的方法直接输入半角英文字符,而无须切换输入法。

⑦问号"?"万能学习查询键。除第一个编码外,输入过程中不清楚的编码可以用问号 ? 代替。

## 二、特殊功能

万能五笔提供的特殊功能一般需要对输入法进行一定的配置来实现,配置方法是:右击输入法窗口(附图 1.2),并选择相应的菜单进行设置。

①提供了数字键盘上的中文数字的直接输入:如果你在菜单中选择了"小键盘中文数字"功能,就可以直接输入中文数字,这时按数字键盘上的 3 键,就可以输入中文数字"三"。

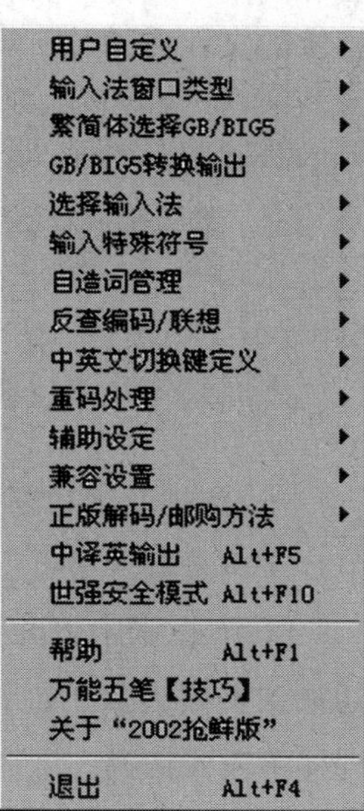


附图 1.2

②提供了英译中、中译英输入法:即输入的是中文,输出的则是对应英文单词,反之也可。只要在配置菜单中同时选中"反查编码"和"中译英",并把反查码表设为"使用万能多元输入法词库"即可。

③提供了强大的反查编码功能:如果在配置菜单中选中"使用万能多元输入法词库",以任何一种输入方式输入任何一个字词上屏后,在汉字提示区中便会反查出刚上屏汉字词所对应的各种编码,反查出的编码以绿色显示,它包括:拼音、拼音加笔画、英语、五笔等编码。

④自带 5 笔 5 键简易笔画输入法:3 分钟学会计算机打字。

⑤方便快捷的在线屏幕造词,随心所欲的分号造词,使其输入越来越方便。

⑥既能输入 GB 简体字,又能输入 BIG5 繁体字,同时支持 GBK 扩展大字库。通过设置"GB/BIG5 转换输出"功能还可以输入简体字词,而输出相应的繁体字词。

⑦提供了多种词库挂接和灵活多样的自造词功能。既可以采用自动造词,也可以手工造词,还可以屏幕取字造词。

⑧自动进行重码字的字频调整。用户凡是输入过一次的重码字词,万能五笔均会自动记忆,用户下一次再输入该字词,该字词自动调频在第一位,用户只需直接敲空格键即可上屏,无须再选数字。

# 智能五笔输入法

智能五笔输入法也称智能陈桥输入法,它是在五笔字型的基础上增加了智能选字词和整句输入等智能处理功能的一种新型五笔字型输入法。目前,其最新的版本是智能陈桥6.8版,它全面支持 Windows XP、32/64 位的 Windows 7 及 VISTA 等中文系统,并通过微软公司的兼容性认证。智能陈桥6.8版直接支持国家 GB18030 标准,能输出2.7万多汉字,同时还内置了新颖实用的陈桥拼音(增加了笔画输入),具有智能提示、语句输入、语句提示及简化输入、智能选词等多项实用技术,支持繁体汉字输出、各种符号输出、BIG5码汉字输出,内含丰富的词库和强大的词库管理功能。还可以通过其提供的参数设置功能,可以帮助用户更好地使用该软件。

智能五笔是一种共享软件,其正式版本可向作者邮购得到,智能五笔的注册版本可从陈桥主页(http://www.znwb.com)中下载得到。智能五笔的安装分为软安装盘、光盘安装和网站下载文件安装。一般由 Windows 系统桌面上"我的电脑"进入到智能五笔软件存放的文件夹,如"c:\znwb\"(如是正式版本,也可进入到软盘驱动器 A:),用鼠标双击安装文件 setup.exe,根据屏幕提示就可以很容易地安装该软件。安装后单击任务栏上的输入法管理器图标,即可选择使用智能五笔输入汉字了。其输入法窗口见附图1.3。

附图1.3

下面具体介绍智能五笔的主要功能和操作方法:

## 一、常规取字功能

①重复输入最近上屏的字词,可以按 Z 即可。

②智能判别数字标点符号,即在中文输入状态下输入"3.14"时,可以直接输入,不必切换到英数状态。如果要输入"A.DOC",其中的小数点也可以按数字键盘中的 . 键,同样不需要切换。

③特殊符号的输入。使用 ; 键+ / 键,再按 + 号向后翻页,按 - 号向前翻页。或用鼠标点击其输入法窗口中的 键 ,即可启动软键盘,在智能五笔的软键盘中提供了11类特殊符号供你选择(附图1.4)。

④中方数字和大写金额的输入。先按 ; 键+ ' 键,再输入数字,如果数字中有小数

附图 1.4

点，则按大写金额的方式输出。如先按[;]键+[']键后，按数字键 6 就可以输出“六”，再按下小数点，就会输出“陆元整”。

⑤当前系统的中文日期，可以直接输入编码“nyr”。如果要输入任意的中文日期，可以按下面的格式输入：+4 位年号数字 +[n]键 +1 或 2 位月份数字 +[y]键 +1 或 2 位日期数字。例如，依次键入[;]、[']、[2]、[0]、[1]、[1]、[n]、[8]、[y]、[1]、[2]后，即可以输出“二〇一一年八月十二日”。

⑥其他常用的按键：

五笔、英数转换：右[Shift]键　　五笔、拼音转换：右[Ctrl]键

半角、全角转换：[Shift]+空格键　　分号输入：连按两下分号键

**二、特殊功能**

①提供了一键一提示的功能，对重码采取多种智能处理方式，重码字词既可以根据文章中的内容采用计算机智能自动选择，又可以采用使用先见的方式来进行排序选择。对于专业录入人员，可以设置了禁止重码字词的智能方式，提高专业录入人员的录入速度。

②提供了智能词句输入功能，此功能可以以智能词句方式输入刚输入过的词句和曾经输入过的词句，具体方法是：

输入提示的整句：分号键 + 句号键

输入提示语句的部分：分号键 + 逗号键（多个）+ 空格

③直接支持全部 GBK 汉字的五笔编码输出，智能陈桥 5.4 版直接支持国家 GB18030 标准，能输出 2.7 万多汉字。

④内置了陈桥拼音输入法，此功能可通过[Ctrl]键进行切换，并可在输出的同时得到输出汉字的五笔字型编码。

⑤在状态条的提示行中，可以显示简码、词组、输入速度、输入字数等多种信息。

⑥具有灵活的词库管理功能，可随时对常用词库进行增减等操作，词库容量不受限制。

⑦简化了疑难字的输入。连续按 4 下“Z”键，在提示区中出现疑难字表，这时你可通过对应的序号选择你需要的疑难汉字。要编辑疑难字表可以用鼠标右击输入法窗口区，弹出右键菜单，在“辅助功能”中的“定义字词符号”中选择“疑难字表”菜单，然后在弹出

的“疑难字表管理”栏中输入疑难字，确定退出即可把所编辑的疑难字表保存到磁盘文件中。

⑧提供了 GB 简体字和 BIG5 繁体字的双内码汉字支持功能，可以输出 BIG5 码的繁体字。

# 《禧龙字王》操作简介

《禧龙字王》(原名文字录入速度测试系统)是一款专门针对中英文打字练习、测试和比赛而设计的应用软件,该软件操作简单、设置灵活、功能完善,特别是对于网络环境下的文字录入测试,具有强大的管理和实时监控功能。《禧龙字王》分为工作站版和服务器版两种。工作站版既可作单机版用,又可作网络版之客户端用;网络版是基于 TCP/IP 网络协议的,它可以通过局域网,甚至 Internet 进行远程考核。

下面介绍禧龙字王的软件安装、训练测试和网络测试等方面的操作方法。

**一、软件安装**

《禧龙字王》是一款免费软件,其中工作站版的功能和使用不受任何限制;服务器版需要正式注册后才能完全使用,否则只能管理 5 台工作站。该软件可以在华军软件网(http://www.newhua.com)中免费下载,目前的最新版本是 V1.0 Beta4。

《禧龙字王》的安装十分简单,只需运行从网上下载的安装文件(工作站版是 wk10b4.exe,服务器版 ws10b4.exe),就可以自动完成安装,并在桌面上建立程序的快捷图标。如果桌面上没有《禧龙字王》的快捷图标,可执行程序中的"文件→添加到程序组"或"文件→添加到桌面"命令,自动生成程序组或快捷方式。

如果《禧龙字王》是在网络环境或是 Windows 2000 和 Windows 2003 下运行,则须对程序所在目录有可写权。

**二、训练测试**

中英文的录入训练操作是在工作站版中进行。软件安装完毕,双击桌面上的程序图标,即可启动程序。如果是第一次启动程序,会要求你建立新用户(附图 2.1),这时可输入你的姓名作为用户名。你也可以作为管理员进行系统功能的设置,管理员的初始口令是"123456"。

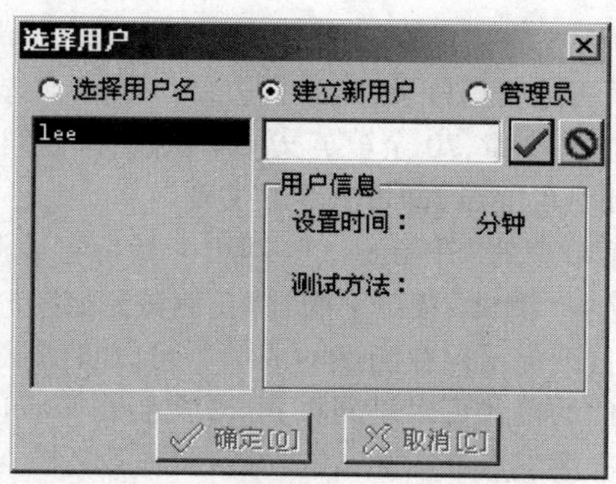


附图 2.1

建立或者选取用户后,即可进入《禧龙字王》的程序窗口(附图 2.2)。

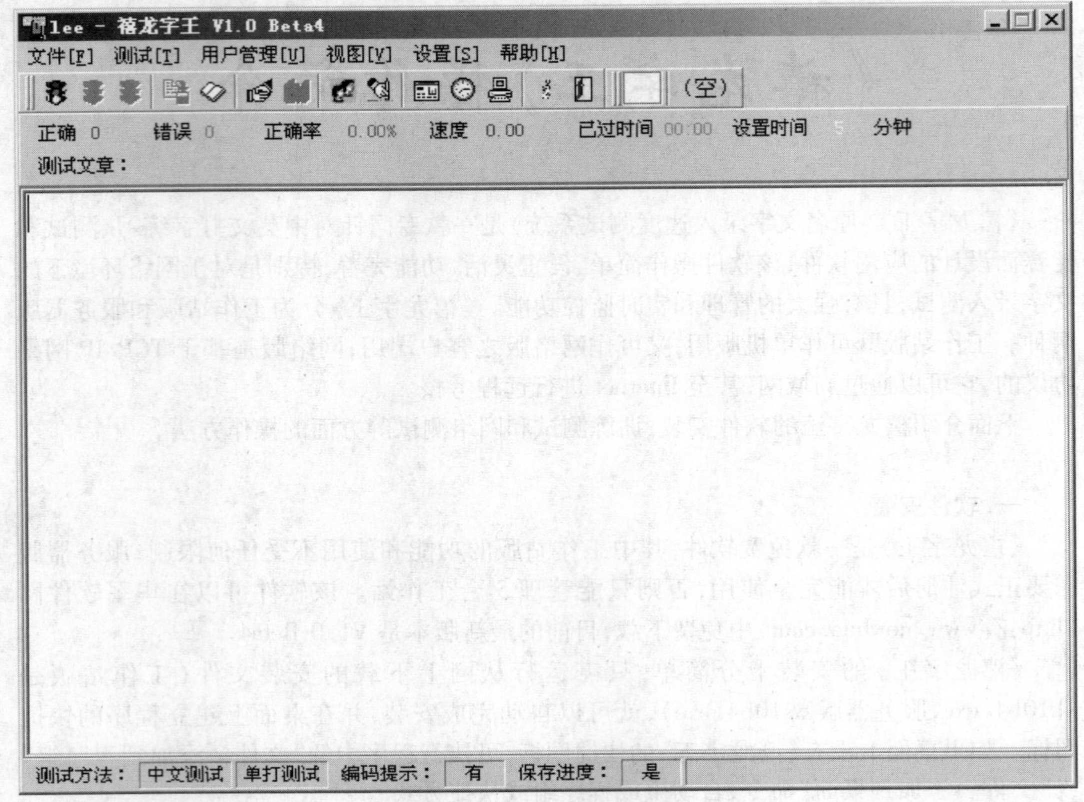


附图 2.2

进行中英文录入训练测试的操作步骤如下:

①选择"设置"菜单中的"设置时间/字数",在出现的对话框中设置录入的时间或录入的字数。

②选择"测试"菜单中的"测试方法",在出现的对话框中设置测试的方式和测试文章的类型。测试方式有"单行对照测试""多行对照测试"和"单打测试"3 种,其中"单打测试"是自由录入练习。测试文章的类型有"中文测试""英文测试"和"中英混打"测试 3 种。

③选择"测试"菜单中的"测试文章",在出现的对话框中选取一个文本文件(.txt),该对话框左边窗口显示了测试文章目录列表,右边窗口显示了选定目录下的全部测试文章。系统提供了 40 余篇中文文章,70 余篇英文文章供选择,也可以自己准备一些练习文本(文本文件)。双击要测试的文章,即可选中该文章。

④最后选择"测试"菜单中的"开始测试",即可开始练习或测试。在测试的过程中,可以(管理员未屏蔽时)选择"测试"菜单下的"停止测试"来终止测试。

测试结束后,系统会自动提示保存测试的成绩。可以将测试的成绩和测试的文章保存在同一文件中,保存文件的格式可以是网页、word 文档和 Excel 电子表格。测试成绩保存后,系统还提供了接上次测试点继续测试的功能,具体设置参见"设置"菜单中的"其他设置"。在"其他设置"中除了设置"保存练习进度"外,还可以设置"载入文章时自动过滤英文半角字符"和"允许设置文章的载入点"等。

此外，也可通过“设置”菜单中的“界面设置”，设定测试窗口中显示的文字行数、每行字数、字间距和行间距。还可定制提示光标、文字颜色及背景色，以及是否显示表格线和在测试时自动打开输入法等。

**三、网络测试**

网络测试和比赛是《禧龙字王》最具特色的功能之一，它通过服务器端的合理设置，完成对工作站的管理和监控。网络测试首先要安装并运行服务器版软件，启动后，屏幕上弹出“选择方案”对话框（见附图 2.3），在该对话框中选择考核方案。

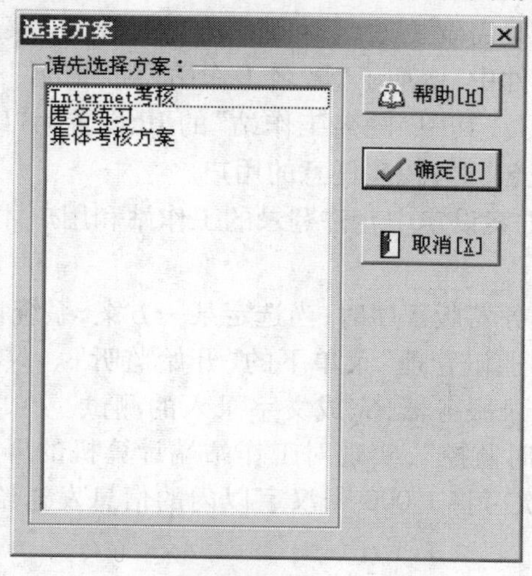


附图 2.3

第一次进入时可以不选取，用鼠标点击“取消”按钮，进入《禧龙字王》服务器版的主窗口（见附图 2.4）。

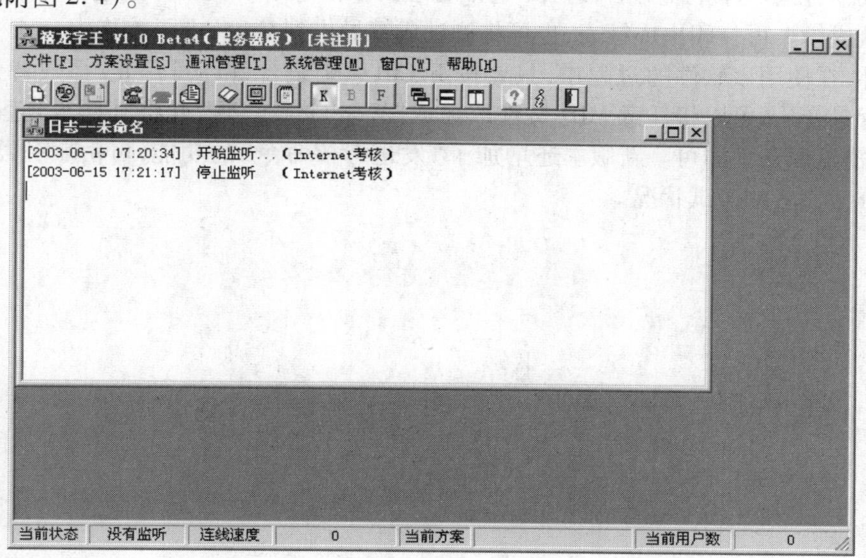


附图 2.4

在 Windows 网络环境中，可以在任何一台计算机中安装服务器版软件，安装了服务器版软件的计算机就成为网络测试的服务器。在网络测试前应为每一台计算机（工作站

端)安装好 TCP/IP 协议,并在服务器上设置好考核方案。服务器端的主要操作步骤有:

①设置和选择考核方案。程序允许设定多个方案,每个方案可对应于不同的考试类别或班级,考核时只需直接选择相应的方案即可。

新方案的设定最好选择"方案设置"菜单中的"设置向导",它分 4 步完成设置。第 1 步设置"方案名称",可将方案命名为考试类别、考试时间或班级名称等;第 2 步"工作站设置",主要设置工作站的 IP 地址、名称和管理员口令;第 3 步是"用户设置",主要包括用户名、测试时间、口令、测试方式、文章载入点等;第 4 步"完成设置",此时可增加工作站和增加用户,一个方案中一般都有若干个工作站,而每个工作站中又有多个用户。

当服务器站已有的方案需要更改时,可通过"方案设置"菜单中的"方案设置"来完成。在新版的服务器版软件中,增加了"匿名工作站"和"匿名",这样可以简化方案的设置,特别适用于平时的练习。其中"匿名工作站"的 IP 设置为"0.0.0.0",它代表任意的工作站;而用户名取为"匿名"时,代表任意的用户。

在网络测试时,只有方案设定中允许登录的工作站和用户才可以登录到服务器,并按方案设置要求进行操作。

②开始监听。启动服务器版程序时,当选定某一方案,系统自动进入监听状态。需重新开始监听,也可以选择"通讯管理"菜单下的"开始监听"。只有服务器进入监听状态,工作站端的计算机才能登录服务器,完成文字录入的测试。在"监听"状态下,还可选择"系统管理"菜单下的"实时监控",实现对工作站端计算机的屏幕监控。此外,程序还提供了通信功能,管理员每次可将 1 000 个汉字以内的信息发送给指定的在线用户或所有在线用户。

③停止监听。测试结束后,可以选择"通讯管理"菜单下的"停止监听"终止监听状态。

④成绩查询。停止监听后,选择"通讯管理"菜单下的"成绩查询",即可列出各个用户的测试成绩。可打印出成绩表,也可将测试成绩导出到 Excel 电子表格中。

此外,在使用该软件的过程中,只要按下 Ctrl + M 组合键即可停止/播放背景音乐。要更换背景音乐,可以将任意 MID 文件改名成"Wordking. mid",并将其拷贝到程序安装目录下,覆盖原文件即可。新版本还增加了"发送考核命令"的功能,可由服务器控制全部或部分考核者的考试状况。

# 常用2 500 字五笔字型编码对照表

在《现代汉语常用字表》中列举了常用字2 500个和次常用字1 000个，据统计这3 500个在文章中的使用率已达99.48%。这里列出了常用2 500字的五笔字型编码，为了方便查找按笔画顺序罗列。在汉字的五笔字型编码中，小写字母表示该字为简码字，其小写字母编码可以省略。

**一画**

一 Ggll
乙 NNLl

**二画**

二 FGg
十 FGH
丁 SGH
厂 DGT
七 AGn
卜 HHY
人 Wwww
入 TYi
八 WTY
九 VTn
几 MTn
儿 QTn
了 Bnh
力 LTn
乃 ETN
刀 VNt
又 CCCc

**三画**

三 DGgg
于 GFk
干 FGGH
亏 FNV
士 FGHG
工 Aaaa
土 FFFF
才 FTe
寸 FGHY
下 GHi
大 DDdd
丈 DYI
与 GNgd
万 DNV
上 Hhgg
小 IHty
口 KKKK
巾 MHK
山 MMMm
千 TFK
乞 TNB
川 KTHH
亿 WNn
个 WHj
勺 QYI
久 QYi
凡 MYi
及 EYi
夕 QTNY
丸 VYI
么 TCu
广 YYGT
亡 YNV
门 UYHn
义 YQi
之 PPpp
尸 NNGT
弓 XNGn
己 NNGn
已 NNNN
子 BBbb
卫 BGd
也 BNhn
女 VVVv
飞 NUI
刃 VYI
习 NUd
叉 CYI
马 CNng
乡 XTE

**四画**

丰 DHk
王 GGGg
井 FJK
开 GAk
夫 FWi
天 GDi
无 FQv
元 FQB
专 FNYi
云 FCU
扎 RNN
艺 ANB
木 SSSS
五 GGhg
支 FCu
厅 DSk
不 GIi

I

太 DYi
犬 DGTY
区 AQi
历 DLv
尤 DNV
友 DCu
匹 AQV
车 LGnh
巨 AND
牙 AHte
屯 GBnv
比 XXn
互 GXgd
切 AVn
瓦 GNYn
止 HHhg
少 ITr
日 JJJJ
中 Khk
冈 MQI
贝 MHNY
内 MWi
水 IIii
见 MQB
午 TFJ
牛 RHK
手 RTgh
毛 TFNv
气 RNB
升 TAK
长 TAyi
仁 WFG
什 WFH
片 THGn
仆 WHY
化 WXn
仇 WVN
币 TMHk
仍 WEn
仅 WCY
斤 RTTh
爪 RHYI
反 RCi
介 WJj
父 WQU
从 WWy
今 WYNB
凶 QBk
分 WVb
乏 TPI
公 WCu
仓 WBB
月 EEEe
氏 QAv
勿 QRE
欠 QWu
风 MQi
丹 MYD
匀 QUd
乌 QNGd
凤 MCi
勾 QCI
文 YYGY
六 UYgy
方 YYgn
火 OOOo
为 YLyi

O

斗 UFK
忆 NNn
订 YSh
计 YFh
户 YNE
认 YWy
心 NYny
尺 NYI
引 XHh
丑 NFD
巴 CNHn
孔 BNN
队 BWy
办 LWi
以 NYWy

C

允 CQb
予 CBJ
劝 CLn
双 CCy
书 NNHy
幻 XNN

**五画**

玉 GYi
刊 FJH
示 FIu
末 GSi
未 FII
击 FMK
打 RSh
巧 AGNN
正 GHD
扑 RHY
扒 RWY
功 ALn
扔 REn
去 FCU
甘 AFD
世 ANv
古 DGHg
节 ABj
本 SGd
术 SYi
可 SKd
丙 GMWi
左 DAf
厉 DDNv

右 DKf
石 DGTG
布 DMHj
龙 DXv
平 GUhk
灭 GOI
轧 LNN
东 AIi
卡 HHU
北 UXn
占 HKf
业 OGd
旧 HJg
帅 JMHh
归 JVg
且 EGd
旦 JGF
目 HHHH
叶 KFh
甲 LHNH
申 JHK
叮 KSH
电 JNv
号 KGNb
田 LLLl
由 MHng
史 KQi
只 KWu
央 MDi
兄 KQB
叼 KNGg
叫 KNhh
另 KLb
叨 KVN
叹 KCY
四 LHng
生 TGd
失 RWi
禾 TTTt
丘 RGD

付 WFY
仗 WDYY
代 WAy
仙 WMh
们 WUn
仪 WYQy
白 RRRr
仔 WBG
他 WBn
斥 RYI
瓜 RCYi
乎 TUHk
丛 WWGf
令 WYCu
用 ETnh
甩 ENv
印 QGBh
乐 QIi
句 QKD
匆 QRYi
册 MMgd
犯 QTBn
外 QHy
处 THi
冬 TUU
鸟 QYNG
务 TLb
包 QNv
饥 QNMn
主 Ygd
市 YMHJ
立 UUuu
闪 UWi
兰 UFF
半 UFk
汁 IFH
汇 IAN
头 UDI
汉 ICy
宁 PSj

穴 PWU
它 PXb
讨 YFY
写 PGNg
让 YHg
礼 PYNN
训 YKh
必 NTe
议 YYQy
讯 YNFh
记 YNn
永 YNIi
司 NGKd
尼 NXv
民 Nav
出 BMk
辽 BPk
奶 VEn
奴 VCY
加 LKg
召 VKF
皮 HCi
边 LPv
发 NTC

V

孕 EBF
圣 CFF
对 CFy
台 CKf
矛 CBTr
纠 XNHh
母 XGUi
幼 XLN
丝 XXGf

六画

式 AAd
刑 GAJH
动 FCLn
扛 RAG

寺 FFu
吉 FKf
扣 RKg
考 FTGn
托 RTAn
老 FTXb
执 RVYy
巩 AMYy
圾 FEyy
扩 RYt
扫 RVg
地 Fbn
扬 RNRt
场 FNRT
耳 BGHg
共 AWu
芒 AYNb
亚 GOGd
芝 APu
朽 SGNN
朴 SHY
机 SMn
权 SCy
过 FPi
臣 AHNh
再 GMFd
协 FLwy
西 SGHG
压 DFYi
厌 DDI
在 Dhfd
有 DEF

E

百 DJf
存 DHBd
而 DMJj
页 DMU
匠 ARk
夸 DFNb
夺 DFu

灰 DOu
达 DPi
列 GQjh
死 GQXb
成 DNnt
夹 GUWi
轨 LVn
邪 AHTB
划 AJh
迈 DNPv
毕 XXFj
至 GCFf
此 HXn
贞 HMu
师 JGMh
尘 IFF
尖 IDu
劣 ITLb
光 IQb
当 IVf
早 JHnh
吐 KFG
吓 KGHy
虫 JHNY
曲 MAd
团 LFTe
同 Mgkd
吊 KMHj
吃 KTNn
因 LDi
吸 KEyy
吗 KCG
屿 MGNg
帆 MHMy
岁 MQU
回 LKD
岂 MNb
刚 MQJh
则 MJh
肉 MWWi

网 MQQi
年 RHfk
朱 RIi
先 TFQb
丢 TFCu
舌 TDD
竹 TTGh
迁 TFPk
乔 TDJj
伟 WFNh
传 WFNY
乒 RGTr
乓 RGYu
休 WSy
伍 WGG
伏 WDY
优 WDNn
伐 WAT
延 THPd
件 WRHh
任 WTFg
伤 WTLn
价 WWJh
份 WWVn
华 WXFj
仰 WQBH
仿 WYN
伙 WOy
伪 WYLy
自 THD
血 TLD
向 TMkd
似 WNYw
后 RGkd
行 TFhh
舟 TEI
全 WGf
会 WFcu
杀 QSU
合 WGKf

兆 IQV
企 WHF
众 WWWu
爷 WQBj
伞 WUHj
创 WBJh
肌 EMn
朵 MSu
杂 VSu
危 QDBb
旬 QJd
旨 XJf
负 QMu
各 TKf
名 QKf
多 QQu
争 QVhj
色 QCb
壮 UFG
冲 UKHh
冰 UIy
庄 YFD
庆 YDi
亦 YOU
刘 YJh
齐 YJJ
交 UQu
次 UQWy
衣 YEu
产 Ute
决 UNwy
充 YCqb
妄 YNVF
闭 UFTe
问 UKD
闯 UCD
羊 UDJ
并 UAj
关 UDu
米 OYty

灯 OSh
州 YTYH
汗 IFH
污 IFNn
江 IAg
池 IBn
汤 INRt
忙 NYNN
兴 IWu
宇 PGFj
守 PFu
宅 PTAb
字 PBf
安 PVf
讲 YFJh
军 PLj
许 YTFh
论 YWXn
农 PEI
讽 YMQy
设 YMCy
访 YYN
寻 VFu
那 VFBh
迅 NFPk
尽 NYUu
导 NFu
异 NAJ
孙 BIy
阵 BLh
阳 BJg
收 NHty
阶 BWJh
阴 BEg
防 BYn
奸 VFH
如 VKg
妇 VVg
好 VBg
她 VBN
妈 VCg
戏 CAt
羽 NNYg
观 CMqn
欢 CQWy
买 NUDU
红 XAg
纤 XTFh
级 XEyy
约 XQyy
纪 XNn
驰 CBN
巡 VPv

### 七画

寿 DTFu
弄 GAJ
麦 GTU
形 GAEt
进 FJpk
戒 AAK
吞 GDKf
远 FQPv
违 FNHP
运 FCPi
扶 RFWy
抚 RFQn
坛 FFCy
技 RFCy
坏 FGIy
扰 RDNn
拒 RANg
找 RAt
批 RXxn
扯 RHG
址 FHG
走 FHU
抄 RITt
坝 FMY
贡 AMu
攻 ATy
赤 FOu
折 RRh
抓 RRHY
扮 RWVn
抢 RWBn
孝 FTBf
均 FQUg
抛 RVLn
投 RMCy
坟 FYy
抗 RYMN
坑 FYMn
坊 FYN
抖 RUFH
护 RYNt
壳 FPMb
志 FNu
扭 RNFg
块 FNWy
声 FNR
把 RCN
报 RBcy
却 FCBh
劫 FCLN
芽 AAHt
花 AWXb
芹 ARJ
芬 AWVb
苍 AWBb
芳 AYb
严 GODr
芦 AYNR
劳 APLb
克 DQb
苏 ALWu
杆 SFH
杠 SAG
杜 SFG
材 SFTt
村 SFy
杏 SKF
极 SEyy
李 SBf
杨 SNrt
求 FIYi
更 GJQi
束 GKIi
豆 GKUf
两 GMWW
丽 GMYy
医 ATDi
辰 DFEi
励 DDNL
否 GIKf
还 GIPi
歼 GQTf
来 GOi
连 LPK
步 HIr
坚 JCFf
旱 JFJ
盯 HSh
呈 KGf
时 JFy
吴 KGDu
助 EGLn
县 EGCu
里 JFD
呆 KSu
园 LFQv
旷 JYT
围 LFNH
呀 KAht
吨 KGBn
足 KHU
邮 MBh
男 LLb
困 LSi
吵 KItt
串 KKHk
员 KMu
听 KRh
吩 KWVn
吹 KQWy
呜 KQNG
吧 KCn
吼 KBNn
别 KLJh
岗 MMQu
帐 MHTy
财 MFtt
针 QFh
钉 QSh
告 TFKF
我 Qrnt
乱 TDNn
利 TJH
秃 TMB
秀 TEb
私 TCY
每 TXGu
兵 RGWu
估 WDg
体 WSGg
何 WSKg
但 WJGg
伸 WJHh
作 WThf
伯 WRg
伶 WWYC
佣 WEH
低 WQAy
你 WQiy
住 WYGG
位 WUG
伴 WUFh
身 TMDt
皂 RAB
佛 WXJh
近 RPk
彻 TAVN
役 TMCy
返 RCPi
余 WTU
希 QDMh
坐 WWFf
谷 WWKf
妥 EVf
含 WYNK
邻 WYCB
岔 WVMJ
肝 EFh
肚 EFG
肠 ENRt
龟 QJNb
免 QKQb
狂 QTGg
犹 QTDN
角 QEj
删 MMGJ
条 TSu
卵 QYTy
岛 QYNM
迎 QBPk
饭 QNRc
饮 QNQw
系 TXIu
言 YYYy
冻 UAIy
状 UDY
亩 YLF
况 UKQn
床 YSI
库 YLK
疗 UBK
应 YID
冷 UWYC
这 Ppi
序 YCBk
辛 UYGH
弃 YCAj
冶 UCKg
忘 YNNU
闲 USI
间 UJd
闷 UNI
判 UDJH
灶 OFg
灿 OMh
弟 UXHt
汪 IGg
沙 IITt
汽 IRNn
沃 ITDY
泛 ITPy
沟 IQCy
没 IMcy
沈 IPQn
沉 IPMn
怀 NGiy
忧 NDNn
快 NNWy
完 PFQb
宋 PSU
宏 PDCu
牢 PRHj
究 PWVb
穷 PWLb
灾 POu
良 YVei
证 YGHg
启 YNKd
评 YGUh
补 PUHy
初 PUVn
社 PYfg
识 YKWy
诉 YRyy
诊 YWEt

词 YNGK
译 YCFh
君 VTKD
灵 VOu
即 VCBh
层 NFCi
尿 NII
尾 NTFn
迟 NYPi
局 NNKd
改 NTY
张 XTay
忌 NNU
际 BFiy
陆 BFMh
阿 BSkg
陈 BAiy
阻 BEGG
附 BWFy
妙 VITt
妖 VTDy
妨 VYn
努 VCLb
忍 VYNU
劲 CALn
鸡 CQYg
驱 CAQy
纯 XGBn
纱 XItt
纳 XMWy
纲 XMqy
驳 CQQy
纵 XWWy
纷 XWVn
纸 XQAn
纹 XYY
纺 XYn
驴 CYNt
纽 XNFg

八画

奉 DWFh
玩 GFQn
环 GGIy
武 GAHd
青 GEF
责 GMU
现 GMqn
表 GEu
规 FWMq
抹 RGSy
拢 RDXn
拔 RDCy
拣 RANW
担 RJGg
坦 FJGg
押 RLh
抽 RMg
拐 RKLn
拖 RTBn
拍 RRG
者 FTJf
顶 SDMy
拆 RRYy
拥 REH
抵 RQAy
拘 RQKg
势 RVYL
抱 RQNn
垃 FUG
拉 RUg
拦 RUFg
拌 RUFH
幸 FUFj
招 RVKg
坡 FHCy
披 RHCy
拨 RNTy
择 RCFh
抬 RCKg
其 ADWu
取 BCy
苦 ADF
若 ADKf
茂 ADNt
苹 AGUh
苗 ALF
英 AMDu
范 AIBb
直 FHf
茄 ALKF
茎 ACAf
茅 ACBT
林 SSy
枝 SFCy
杯 SGIy
柜 SANg
析 SRh
板 SRCy
松 SWCy
枪 SWBn
构 SQcy
杰 SOu
述 SYPi
枕 SPQn
丧 FUEu
或 AKgd
画 GLbj
卧 AHNH
事 GKvh
刺 GMIj
枣 GMIU
雨 FGHY
卖 FNUD
矿 DYT
码 DCG
厕 DMJK
奔 DFAj
奇 DSKF
奋 DLF
态 DYNu
欧 AQQw
垄 DXFf
妻 GVhv
轰 LCCu
顷 XDmy
转 LFNy
斩 LRh
轮 LWXn
软 LQWy
到 GCfj
非 DJDd
叔 HICy
肯 HEf
齿 HWBj
些 HXFf
虎 HAmv
虏 HALV
肾 JCEf
贤 JCMu
尚 IMKF
旺 JGG
具 HWu
果 JSi
味 KFIy
昆 JXxb
国 Lgyi
昌 JJf
畅 JHNR
明 JEg
易 JQRr
昂 JQBj
典 MAWu
固 LDD
忠 KHNu
咐 KWFy
呼 KTuh
鸣 KQYg
咏 KYNi
呢 KNXn
岸 MDFJ
岩 MDF
帖 MHHk
罗 LQu
帜 MHKW
岭 MWYC
凯 MNMn
败 MTY
贩 MRcy
购 MQCy
图 LTUi
钓 QQYY
制 RMHJ
知 TDkg
垂 TGAf
牧 TRTy
物 TRqr
乖 TFUx
刮 TDJH
秆 TFH
和 Tkg
季 TBf
委 TVf
佳 WFFG
侍 WFFy
供 WAWy
使 WGKQ
例 WGQj
版 THGC
侄 WGCF
侦 WHMy
侧 WMJh
凭 WTFM
侨 WTDj
佩 WMGh
货 WXMu
依 WYEy
的 Rqyy
迫 RPD
质 RFMi
欣 RQWy
征 TGHg
往 TYGg
爬 RHYC
彼 THCy
径 TCAg
所 RNrh
舍 WFKf
金 QQQQ
命 WGKB
斧 WQRj
爸 WQCb
采 ESu
受 EPCu
乳 EBNn
贪 WYNM
念 WYNN
贫 WVMu
肤 EFWy
肺 EGMh
肢 EFCy
肿 EKhh
胀 ETAy
朋 EEg
股 EMCy
肥 ECn
服 EBcy
胁 ELWy
周 MFKd
昏 QAJF
鱼 QGF
兔 QKQY
狐 QTRy
忽 QRNu
狗 QTQk
备 TLF
饰 QNTH
饱 QNQN
饲 QNNK
变 YOcu
京 YIU
享 YBF
店 YHKd
夜 YWTy
庙 YMD
府 YWFi
底 YQAy
剂 YJJH
郊 UQBh
废 YNTY
净 UQVh
盲 YNHf
放 YTy
刻 YNTj
育 YCEf
闸 ULK
闹 UYMh
郑 UDBh
券 UDVb
卷 UDBB
单 UJFJ
炒 OItt
炊 OQWy
炕 OYMn
炎 OOu
炉 OYNt
沫 IGSy
浅 IGT
法 IFcy
泄 IANN
河 ISKg
沾 IHKg
泪 IHG
油 IMG
泊 IRg
沿 IMKg
泡 IQNn
注 IYgg
泻 IPGG
泳 IYNI

泥 INXn
沸 IXJh
波 IHCy
泼 INTY
泽 ICFh
治 ICKg
怖 NDMh
性 NTGg
怕 NRg
怜 NWYC
怪 NCfg
学 IPbf
宝 PGYu
宗 PFIu
定 PGhu
宜 PEGf
审 PJhj
宙 PMf
官 PNhn
空 PWaf
帘 PWMh
实 PUdu
试 YAAg
郎 YVCB
诗 YFFy
肩 YNED
房 YNYv
诚 YDNt
衬 PUFy
衫 PUEt
视 PYMq
话 YTDg
诞 YTHP
询 YQJg
该 YYNW
详 YUDh
建 VFHP
肃 VIJk
录 VIu
隶 VII

居 NDd
届 NMd
刷 NMHj
屈 NBMk
弦 XYXy
承 BDii
孟 BLF
孤 BRcy
陕 BGUw
降 BTah
限 BVey
妹 VFIy
姑 VDg
姐 VEGg
姓 VTGg
始 VCKg
驾 LKCf
参 CDer
艰 CVey
线 XGt
练 XANw
组 XEGg
细 XLg
驶 CKQy
织 XKWy
终 XTUy
驻 CYgg
驼 CPxn
绍 XVKg
经 Xcag
贯 XFMu

**九画**

奏 DWGd
春 DWjf
帮 DTbh
珍 GWet
玻 GHCy
毒 GXGU
型 GAJF

挂 RFFG
封 FFFY
持 RFfy
项 ADMy
垮 FDFN
挎 RDFN
城 FDnt
挠 RATQ
政 GHTy
赴 FHHi
赵 FHQi
挡 RIVg
挺 RTFP
括 RTDg
拴 RWGg
拾 RWGK
挑 RIQn
指 RXJg
垫 RVYF
挣 RQVH
挤 RYJh
拼 RUAh
挖 RPWN
按 RPVg
挥 RPLh
挪 RVFb
某 AFSu
甚 ADWN
革 AFj
荐 ADHb
巷 AWNb
带 GKPh
草 AJJ
茧 AJU
茶 AWSu
荒 AYNQ
茫 AIYn
荡 AINr
荣 APSu
故 DTY

胡 DEg
南 FMuf
药 AXqy
标 SFIy
枯 SDg
柄 SGMw
栋 SAIy
相 SHg
查 SJgf
柏 SRG
柳 SQTb
柱 SYGg
柿 SYMH
栏 SUFg
树 SCFy
要 Svf
咸 DGKt
威 DGVt
歪 GIGh
研 DGAh
砖 DFNY
厘 DJFD
厚 DJBd
砌 DAVn
砍 DQWy
面 DMjd
耐 DMJF
耍 DMJV
牵 DPRh
残 GQGt
殃 GQMd
轻 LCag
鸦 AHTG
皆 XXRf
背 UXEf
战 HKAt
点 HKOu
临 JTYj
览 JTYQ
竖 JCUf

省 ITHf
削 IEJh
尝 IPFc
是 Jghu
盼 HWVn
眨 HTPy
哄 KAWy
显 JOgf
哑 KGOg
冒 JHF
映 JMDy
星 JTGf
昨 JThf
畏 LGEu
趴 KHWy
胃 LEf
贵 KHGM
界 LWJj
虹 JAg
虾 JGHY
蚁 JYQy
思 LNu
蚂 JCG
虽 KJu
品 KKKf
咽 KLDy
骂 KKCf
哗 KWXf
咱 KTHg
响 KTMk
哈 KWGk
咬 KUQy
咳 KYNW
哪 KVfb
炭 MDOu
峡 MGUw
罚 LYjj
贱 MGT
贴 MHKG
骨 MEf

钞 QITt
钟 QKHH
钢 QMQy
钥 QEG
钩 QQCy
卸 RHBh
缸 RMAg
拜 RDFH
看 RHF
矩 TDAn
怎 THFN
牲 TRTG
选 TFQP
适 TDPd
秒 TItt
香 TJF
种 TKHh
秋 TOy
科 TUfh
重 TGJf
复 TJTu
竿 TFJ
段 WDMc
便 WGJq
俩 WGMw
贷 WAMu
顺 KDmy
修 WHTe
保 WKsy
促 WKHy
侮 WTXu
俭 WWGI
俗 WWWK
俘 WEBg
信 WYg
皇 RGF
泉 RIU
鬼 RQCi
侵 WVPc
追 WNNP

俊 WCWt
盾 RFHd
待 TFFY
律 TVFH
很 TVEy
须 EDmy
叙 WTCy
剑 WGIj
逃 IQPv
食 WYVe
盆 WVLf
胆 EJgg
胜 ETGg
胞 EQNn
胖 EUFh
脉 EYNI
勉 QKQL
狭 QTGW
狮 QTJH
独 QTJy
狡 QTUq
狱 QTYD
狠 QTVe
贸 QYVm
怨 QBNu
急 QVNu
饶 QNAq
蚀 QNJy
饺 QNUQ
饼 QNUa
弯 YOXb
将 UQFy
奖 UQDu
哀 YEU
亭 YPSj
亮 YPMb
度 YAci
迹 YOPi
庭 YTFP
疮 UWBv

疯 UMQi
疫 UMCi
疤 UCV
姿 UQWV
亲 USu
音 UJF
帝 UPmh
施 YTBn
闻 UBd
阀 UWAe
阁 UTKd
差 UDAf
养 UDYJ
美 UGDU
姜 UGVf
叛 UDRC
送 UDPi
类 ODu
迷 OPi
前 UEjj
首 UTHf
逆 UBTp
总 UKNu
炼 OANW
炸 OTHf
炮 OQnn
烂 OUFG
剃 UXHJ
洁 IFKg
洪 IAWy
洒 ISg
浇 IATq
浊 IJy
洞 IMGK
测 IMJh
洗 ITFq
活 ITDg
派 IREy
洽 IWGk
染 IVSu

济 IYJh
洋 IUdh
洲 IYTh
浑 IPLh
浓 IPEy
津 IVFH
恒 NGJg
恢 NDOy
恰 NWGK
恼 NYBh
恨 NVey
举 IWFh
觉 IPMQ
宣 PGJg
室 PGCf
宫 PKkf
宪 PTFq
突 PWDu
穿 PWAT
窃 PWAV
客 PTkf
冠 PFQF
语 YGKg
扁 YNMA
袄 PUTd
祖 PYEg
神 PYJh
祝 PYKq
误 YKGd
诱 YTEn
说 YUkq
诵 YCEH
垦 VEFf
退 VEPi
既 VCAq
屋 NGCf
昼 NYJg
费 XJMu
陡 BFHy
眉 NHD

孩 BYNW
除 BWTy
险 BWGi
院 BPFq
娃 VFFg
姥 VFTx
姨 VGxw
姻 VLDy
娇 VTDJ
怒 VCNu
架 LKSu
贺 LKMu
盈 ECLf
勇 CELb
怠 CKNu
柔 CBTS
垒 CCCF
绑 XDTb
绒 XADt
结 XFkg
绕 XATq
骄 CTDJ
绘 XWFc
给 XWgk
络 XTKg
骆 CTKg
绝 XQCn
绞 XUQy
统 XYCq

### 十画

耕 DIFj
耗 DITN
艳 DHQc
泰 DWIU
珠 GRiy
班 GYTg
素 GXIu
蚕 GDJu
顽 FQDm

盏 GLF
匪 ADJD
捞 RAPl
栽 FASi
捕 RGEy
振 RDFe
载 FAlk
赶 FHFK
起 FHNv
盐 FHLf
捎 RIEg
捏 RJFG
埋 FJFg
捉 RKHy
捆 RLSy
捐 RKEg
损 RKMy
都 FTJB
哲 RRKf
逝 RRPk
捡 RWGI
换 RQmd
挽 RQKQ
热 RVYO
恐 AMYN
壶 FPOg
挨 RCTd
耻 BHg
耽 BPQn
恭 AWNU
莲 ALPu
莫 AJDu
荷 AWSK
获 AQTd
晋 GOGJ
恶 GOGN
真 FHWu
框 SAGG
桂 SFFg
档 SIvg

桐 SMGK
株 SRIy
桥 STDj
桃 SIQn
格 STkg
校 SUQy
核 SYNW
样 SUdh
根 SVEy
索 FPXi
哥 SKSk
速 GKIP
逗 GKUP
栗 SSU
配 SGNn
翅 FCNd
辱 DFEF
唇 DFEK
夏 DHTu
础 DBMh
破 DHCy
原 DRii
套 DDU
逐 EPI
烈 GQJO
殊 GQRi
顾 DBdm
轿 LTDj
较 LUqy
顿 GBNM
毙 XXGX
致 GCFT
柴 HXSu
桌 HJSu
虑 HANi
监 JTYL
紧 JCxi
党 IPKq
晒 JSG
眠 HNAn

晓 JATq
鸭 LQYg
晃 JIqb
晌 JTMk
晕 JPlj
蚊 JYY
哨 KIEg
哭 KKDU
恩 LDNu
唤 KQMd
啊 KBsk
唉 KCTd
罢 LFCu
峰 MTDh
圆 LKMI
贼 MADT
贿 MDEg
钱 QGt
钳 QAFg
钻 QHKg
铁 QRwy
铃 QWYC
铅 QMKg
缺 RMNw
氧 RNUd
特 TRFf
牺 TRSg
造 TFKP
乘 TUXv
敌 TDTy
秤 TGUh
租 TEGg
积 TKWy
秧 TMDY
秩 TRWy
称 TQiy
秘 TNtt
透 TEPv
笔 TTfn
笑 TTDu

笋 TVTr
债 WGMY
借 WAJg
值 WFHG
倚 WDSk
倾 WXDm
倒 WGCj
倘 WIMk
俱 WHWy
倡 WJJG
候 WHNd
俯 WYWf
倍 WUKg
倦 WUDb
健 WVFp
臭 THDU
射 TMDF
躬 TMDX
息 THNu
徒 TFHY
徐 TWTy
舰 TEMQ
舱 TEWb
般 TEMc
航 TEYm
途 WTPi
拿 WGKR
爹 WQQQ
爱 EPdc
颂 WCDm
翁 WCNf
脆 EQDb
脂 EXjg
胸 EQqb
胳 ETKg
脏 EYFg
胶 EUqy
脑 EYBh
狸 QTJF
狼 QTYe

逢 TDHp
留 QYVL
皱 QVHC
饿 QNTt
恋 YONu
桨 UQSu
浆 UQIu
衰 YKGE
高 YMkf
席 YAMh
准 UWYg
座 YWWf
脊 IWEf
症 UGHd
病 UGMw
疾 UTDi
疼 UTUi
疲 UHCi
效 UQTy
离 YBmc
唐 YVHk
资 UQWM
凉 UYIY
站 UHkg
剖 UKJh
竞 UKQB
部 UKbh
旁 UPYb
旅 YTEY
畜 YXLf
阅 UUKq
羞 UDNf
瓶 UAGn
拳 UDRj
粉 OWvn
料 OUfh
益 UWLf
兼 UVOu
烤 OFTn
烘 OAWy

烦 ODMy
烧 OATq
烛 OJy
烟 OLdy
递 UXHP
涛 IDTf
浙 IRRh
涝 IAPl
酒 ISGG
涉 IHIt
消 IIEg
浩 ITFK
海 ITXu
涂 IWTy
浴 IWWk
浮 IEBg
流 IYCq
润 IUGG
浪 IYVe
浸 IVPc
涨 IXty
烫 INRO
涌 ICEh
悟 NGKG
悄 NIeg
悔 NTXu
悦 NUKq
害 PDhk
宽 PAmq
家 PEu
宵 PIef
宴 PJVf
宾 PRgw
窄 PWTF
容 PWWk
宰 PUJ
案 PVSu
请 YGEg
朗 YVCe
诸 YFTj

读 YFNd
扇 YNND
袜 PUGs
袖 PUMg
袍 PUQn
被 PUHC
祥 PYUd
课 YJSy
谁 YWYG
调 YMFk
冤 PQKy
谅 YYIy
谈 YOOy
谊 YPEg
剥 VIJH
恳 VENU
展 NAEi
剧 NDJh
屑 NIED
弱 XUxu
陵 BFWt
陶 BQRm
陷 BQVg
陪 BUKg
娱 VKGD
娘 VYVe
通 CEPk
能 CExx
难 CWyg
预 CBDm
桑 CCCS
绢 XKEg
绣 XTEN
验 CWGi
继 XOnn

### 十一画

球 GFIy
理 GJfg
域 FAKG
堵 FFTj
描 RALg
捧 RDWh
掩 RDJN
捷 RGVh
排 RDJd
掉 RHJh
堆 FWYg
推 RWYG
掀 RRQw
授 REPc
教 FTBT
掏 RQRm
掠 RYIY
培 FUKg
接 RUVg
控 RPWa
探 RPWS
据 RNDg
掘 RNBM
职 BKwy
基 ADwf
著 AFTj
勒 AFLn
黄 AMWu
萌 AJEf
萝 ALQu
菌 ALTu
菜 AEsu
萄 AQRm
菊 AQOu
萍 AIGH
菠 AIHc
营 APKk
械 SAah
梦 SSQu
梢 SIEg
梅 STXu
检 SWgi
梳 SYCq

梯 SUXt
桶 SCEh
救 FIYT
副 GKLj
票 SFIU
戚 DHIt
爽 DQQq
聋 DXBf
袭 DXYe
盛 DNNL
雪 FVf
辅 LGEY
辆 LGMw
虚 HAOg
雀 IWYF
堂 IPKF
常 IPKH
匙 JGHX
晨 JDfe
睁 HQVh
眯 HOy
眼 HVey
悬 EGCN
野 JFCb
啦 KRUg
晚 JQkq
啄 KEYY
距 KHAn
跃 KHTD
略 LTKg
蛇 JPXn
累 LXiu
唱 KJJg
患 KKHN
唯 KWYG
崖 MDFF
崭 MLrj
崇 MPFi
圈 LUDb
铜 QMGK

铲 QUTt
银 QVEy
甜 TDAF
梨 TJSu
犁 TJRh
移 TQQy
笨 TSGf
笼 TDXb
笛 TMF
符 TWFu
第 TXht
敏 TXGT
做 WDTy
袋 WAYE
悠 WHTN
偿 WIpc
偶 WJMy
偷 WWGJ
您 WQIN
售 WYKf
停 WYPs
偏 WYNA
假 WNHc
得 TJgf
衔 TQFh
盘 TELf
船 TEMK
斜 WTUF
盒 WGKL
鸽 WGKG
悉 TONu
欲 WWKW
彩 ESEt
领 WYCM
脚 EFCB
脖 EFPb
脸 EWgi
脱 EUKq
象 QJEu
够 QKQQ

猜 QTGE
猪 QTFJ
猎 QTAj
猫 QTAL
猛 QTBL
馅 QNQV
馆 QNPn
凑 UDWd
减 UDGt
毫 YPTn
麻 YSSi
痒 UUDk
痕 UVEi
廊 YYVb
康 YVIi
庸 YVEH
鹿 YNJx
盗 UQWL
章 UJJ
竟 UJQb
商 UMwk
族 YTTd
旋 YTNh
望 YNEG
率 YXif
着 UDHf
盖 UGLf
粘 OHkg
粗 OEgg
粒 OUG
断 ONrh
剪 UEJV
兽 ULGk
清 IGEg
添 IGDn
淋 ISSy
淹 IDJn
渠 IANS
渐 ILrh
混 IJXx

渔 IQGG
淘 IQRm
液 IYWy
淡 IOoy
深 IPWs
婆 IHCV
梁 IVWs
渗 ICDe
情 NGEg
惜 NAJG
惭 NLrh
悼 NHJH
惧 NHWy
惕 NJQr
惊 NYIY
惨 NCDe
惯 NXFm
寇 PFQC
寄 PDSk
宿 PWDJ
窑 PWRm
密 PNTm
谋 YAFs
谎 YAYq
祸 PYKW
谜 YOPY
逮 VIPi
敢 NBty
屠 NFTj
弹 XUJf
随 BDEp
蛋 NHJu
隆 BTGg
隐 BQvn
婚 VQaj
婶 VPJh
颈 CADm
绩 XGMy
绪 XFTj
续 XFNd
骑 CDSk
绳 XKJN
维 XWYg
绵 XRmh
绸 XMFk
绿 XViy

### 十二画

琴 GGWn
斑 GYGg
替 FWFj
款 FFIw
堪 FADn
搭 RAWK
塔 FAWK
越 FHAt
趁 FHWE
趋 FHQV
超 FHVk
提 RJgh
堤 FJGH
博 FGEf
揭 RJQn
喜 FKUk
插 RTFv
揪 RTOy
搜 RVHc
煮 FTJO
援 REFc
裁 FAYe
搁 RUTk
搂 ROvg
搅 RIPQ
握 RNGf
揉 RCBS
斯 ADWR
期 ADWE
欺 ADWW
联 BUdy
散 AETy
惹 ADKN
葬 AGQa
葛 AJQn
董 ATGf
葡 AQGy
敬 AQKt
葱 AQRN
落 AITk
朝 FJEg
辜 DUJ
葵 AWGd
棒 SDWh
棋 SADw
植 SFHG
森 SSSu
椅 SDSk
椒 SHIc
棵 SJSy
棍 SJXx
棉 SRMh
棚 SEEg
棕 SPfi
惠 GJHn
惑 AKGN
逼 GKLP
厨 DGKF
厦 DDHt
硬 DGJq
确 DQEh
雁 DWWy
殖 GQFh
裂 GQJE
雄 DCWy
暂 LRJf
雅 AHTY
辈 DJDL
悲 DJDN
紫 HXXi
辉 IQPL
敞 IMKT
赏 IPKM
掌 IPKR
晴 JGEg
暑 JFTj
最 JBcu
量 JGjf
喷 KFAm
晶 JJJf
喇 KGKj
遇 JMhp
喊 KDGT
景 JYiu
践 KHGt
跌 KHRw
跑 KHQn
遗 KHGP
蛙 JFFg
蛛 JRIy
蜓 JTFP
喝 KJQn
喂 KLGE
喘 KMDj
喉 KWNd
幅 MHGl
帽 MHJh
赌 MFTJ
赔 MUKg
黑 LFOu
铸 QDTf
铺 QGEy
链 QLPy
销 QIEg
锁 QIMy
锄 QEGL
锅 QKMw
锈 QTEN
锋 QTDh
锐 QUKq
短 TDGu
智 TDKJ
毯 TFNO
鹅 TRNG
剩 TUXJ
稍 TIEg
程 TKGG
稀 TQDh
税 TUKq
筐 TAGf
等 TFFU
筑 TAMy
策 TGMi
筛 TJGH
筒 TMGK
答 TWgk
筋 TELB
筝 TQVH
傲 WGQT
傅 WGEf
牌 THGF
堡 WKSF
集 WYSu
焦 WYOu
傍 WUPy
储 WYFj
奥 TMOd
街 TFFH
惩 TGHN
御 TRHb
循 TRFH
艇 TETp
舒 WFKB
番 TOLf
释 TOCh
禽 WYBc
腊 EAJg
脾 ERTf
腔 EPWa
鲁 QGJf
猾 QTMe
猴 QTWd
然 QDou
馋 QNQU
装 UFYe
蛮 YOJu
就 YIdn
痛 UCEk
童 UJFF
阔 UITd
善 UDUK
羡 UGUw
普 UOgj
粪 OAWU
尊 USGf
道 UTHP
曾 ULjf
焰 OQVg
港 IAWN
湖 IDEg
渣 ISJG
湿 IJOg
温 IJLg
渴 IJQn
滑 IMEg
湾 IYOx
渡 IYAc
游 IYTB
滋 IUXx
溉 IVCq
愤 NFAm
慌 NAYq
惰 NDAe
愧 NRQc
愉 NWgj
慨 NVCq
割 PDHJ
寒 PFJu
富 PGKl
窜 PWKh
窝 PWKW
窗 PWTq
遍 YNMp
裕 PUWk
裤 PUYl
裙 PUVK
谢 YTMf
谣 YERm
谦 YUVo
属 NTKy
屡 NOvd
强 XKjy
粥 XOXn
疏 NHYq
隔 BGKh
隙 BIJi
絮 VKXi
嫂 VVHc
登 WGKU
缎 XWDc
缓 XEFc
编 XYNA
骗 CYNA
缘 XXEy

### 十三画

瑞 GMDj
魂 FCRc
肆 DVfh
摄 RBCC
摸 RAJD
填 FFHw
搏 RGEF
塌 FJNg
鼓 FKUC
摆 RLFc
携 RWYE
搬 RTEc
摇 RERm
搞 RYMk
塘 FYVk
摊 RCWy

蒜 AFIi
勤 AKGL
鹊 AJQG
蓝 AJTl
墓 AJDF
幕 AJDH
蓬 ATDP
蓄 AYXl
蒙 APGe
蒸 ABIo
献 FMUD
禁 SSFi
楚 SSNh
想 SHNu
槐 SRQc
榆 SWGJ
楼 SOVg
概 SVCq
赖 GKIM
酬 SGYH
感 DGKN
碍 DJGf
碑 DRTf
碎 DYWf
碰 DUOg
碗 DPQb
碌 DVIy
雷 FLF
零 FWYC
雾 FTLb
雹 FQNb
输 LWGj
督 HICH
龄 HWBC
鉴 JTYQ
睛 HGeg
睡 HTgf
睬 HESy
鄙 KFLb
愚 JMHN
暖 JEFc
盟 JELf
歇 JQWw
暗 JUjg
照 JVKO
跨 KHDn
跳 KHIq
跪 KHQB
路 KHTk
跟 KHVe
遣 KHGP
蛾 JTRt
蜂 JTDh
嗓 KCCs
置 LFHF
罪 LDJd
罩 LHJj
错 QAJg
锡 QJQr
锣 QLQy
锤 QTGF
锦 QRMh
键 QVFP
锯 QNDg
矮 TDTV
辞 TDUH
稠 TMFK
愁 TONU
筹 TDTF
签 TWGI
简 TUJf
毁 VAmc
舅 VLlb
鼠 VNUn
催 WMWy
傻 WTLT
像 WQJe
躲 TMDS
微 TMGt
愈 WGEN
遥 ERmp
腰 ESVg
腥 EJTg
腹 ETJt
腾 EUDc
腿 EVEp
触 QEJY
解 QEVh
酱 UQSG
痰 UOOi
廉 YUVO
新 USRh
韵 UJQU
意 UJNu
粮 OYVe
数 OVTy
煎 UEJO
塑 UBTF
慈 UXXN
煤 OAfs
煌 ORgg
满 IAGW
漠 IAJd
源 IDRi
滤 IHAn
滥 IJTl
滔 IEVg
溪 IEXd
溜 IQYL
滚 IUCe
滨 IPRw
粱 IVWO
滩 ICWy
慎 NFHw
誉 IWYF
塞 PFJF
谨 YAKg
福 PYGl
群 VTKd
殿 NAWc
辟 NKUh
障 BUJh
嫌 VUvo
嫁 VPEy
叠 CCCG
缝 XTDP

### 十四画

静 GEQh
碧 GRDf
璃 GYBc
墙 FFUK
撇 RUMT
嘉 FKUK
摧 RMWy
截 FAWy
誓 RRYF
境 FUJq
摘 RUMd
摔 RYXf
聚 BCTi
蔽 AUMt
慕 AJDN
暮 AJDJ
蔑 ALDT
模 SAJd
榴 SQYl
榜 SUPy
榨 SPWf
歌 SKSW
遭 GMAP
酷 SGTK
酿 SGYE
酸 SGCt
磁 DUxx
愿 DRIN
需 FDMj
弊 UMIA
裳 IPKE
颗 JSDm
嗽 KGKW
蜻 JGEG
蜡 JAJg
蝇 JKjn
蜘 JTDK
赚 MUVo
锹 QTOy
锻 QWDc
舞 RLGh
稳 TQVn
算 THAj
箩 TLQu
管 TPnn
僚 WDUi
鼻 THLj
魄 RRQC
貌 EERQ
膜 EAJD
膊 EGEF
膀 EUPy
鲜 QGUd
疑 XTDH
馒 QNJC
裹 YJSE
敲 YMKC
豪 YPEU
膏 YPKe
遮 YAOP
腐 YWFW
瘦 UVHc
辣 UGKi
竭 UJQN
端 UMDj
旗 YTAw
精 OGEg
歉 UVOW
熄 OTHN
熔 OPWk
漆 ISWi
漂 ISFi
漫 IJLC
滴 IUMd
演 IPGw
漏 INFY
慢 NJlc
寨 PFJS
赛 PFJM
察 PWFI
蜜 PNTJ
谱 YUOj
嫩 VGKt
翠 NYWF
熊 CEXO
凳 WGKM
骡 CLXi
缩 XPWj

### 十五画

慧 DHDn
撕 RADr
撒 RAEt
趣 FHBc
趟 FHIk
撑 RIPr
播 RTOL
撞 RUJf
撤 RYCt
增 FUlj
聪 BUKN
鞋 AFFF
蕉 AWYo
蔬 ANHq
横 SAMw
槽 SGMJ
樱 SMMV
橡 SQJe
飘 SFIQ
醋 SGAj
醉 SGYf
震 FDFe
霉 FTXU
瞒 HAGW
题 JGHM
暴 JAWi
瞎 HPdk
影 JYIE
踢 KHJr
踏 KHIJ
踩 KHES
踪 KHPi
蝶 JANs
蝴 JDEg
嘱 KNTy
墨 LFOF
镇 QFHW
靠 TFKD
稻 TEVg
黎 TQTi
稿 TYMk
稼 TPEy
箱 TSHf
箭 TUEj
篇 TYNA
僵 WGLg
躺 TMDK
僻 WNKu
德 TFLn
艘 TEVC
膝 ESWi
膛 EIpf
熟 YBVo
摩 YSSR
颜 UTEM
毅 UEMc
糊 ODEg
遵 USGP
潜 IFWj
潮 IFJe
懂 NATf
额 PTKM

慰 NFIn
劈 NKUV

十六画

操 RKKs
燕 AUko
薯 ALFJ
薪 AUSr
薄 AIGf
颠 FHWM
橘 SCBK
整 GKIH
融 GKMj
醒 SGJg
餐 HQce
嘴 KHXe
蹄 KHUH
器 KKDk
赠 MUlj
默 LFOD
镜 QUJq
赞 TFQM
篮 TJTL
邀 RYTP
衡 TQDH
膨 EFKe
雕 MFKY
磨 YSSD
凝 UXTh
辨 UYTu
辩 UYUh
糖 OYVk
糕 OUGO
燃 OQDO
澡 IKks
激 IRYt
懒 NGKM
壁 NKUF
避 NKup
缴 XRYt

十七画

戴 FALW
擦 RPWI
鞠 AFQo
藏 ADNT
霜 FShf
霞 FNHC
瞧 HWYo
蹈 KHEV
螺 JLXi
穗 TGJN
繁 TXGI
辫 UXUh
赢 YNKY
糟 OGMJ
糠 OYVI
燥 OKKs
臂 NKUE
翼 NLAw
骤 CBCi

十八画

鞭 AFWq
覆 STTt
蹦 KHME
镰 QYUO
翻 TOLN
鹰 YWWG

十九画

警 AQKY
攀 SQQr
蹲 KHUF
颤 YLKM
瓣 URcu
爆 OJAi
疆 XFGg

二十画

壤 FYKe
耀 IQNY
躁 KHKS
嚼 KELf
嚷 KYKe
籍 TDIJ
魔 YSSC
灌 IAKy

二十一画

蠢 DWJJ
霸 FAFe
露 FKHK

二十二画

囊 GKHe

二十三画

罐 RMAY

# 次常用1000字五笔字型编码对照表

**二画**

匕 XTN
刁 NGD

**四画**

丏 GHNv
歹 GQI
戈 AGNT
夭 TDI
仑 WXB
讥 YMN
冗 PMB
邓 CBh

**五画**

艾 AQU
夯 DLB
凸 HGMg
卢 HNe
叭 KWY
叽 KMN
皿 LHNg
凹 MMGD
囚 LWI
矢 TDU
乍 THFd
尔 QIU
冯 UCg
玄 YXU

**六画**

邦 DTBh
迂 GFPk
邢 GABh
芋 AGFj
芍 AQYu
吏 GKQi
夷 GXWi
吁 KGFH
吕 KKf
吆 KXY
屹 MTNN
廷 TFPD
迄 TNPv
臼 VTHg
仲 WKHH
伦 WWXn
伊 WVTt
肋 ELn
旭 VJd
匈 QQBk
凫 QYNM
妆 UVg
亥 YNTW
汛 INFh
讳 YFNH
讶 YAHt
讹 YWXN
讼 YWCy
诀 YNWY
弛 XBn
阱 BFJh
驮 CDY
驯 CKH
纫 XVYy

**七画**

玖 GQYy
玛 GCG
韧 FNHY
抠 RAQy
扼 RDBn
汞 AIU
扳 RRCy
抡 RWXn
坎 FQWy
坞 FQNG
抑 RQBh
拟 RNYw
抒 RCBh
芙 AFWU
芜 AFQB
苇 AFNh
芥 AWJj
芯 ANU
芭 ACb
杖 SDYy
杉 SET
巫 AWWi
杈 SCYY
甫 GEHy
匣 ALK
轩 LFh
卤 HLqi
肖 IEf
吱 KFCy
吠 KDY
呕 KAQY
呐 KMWy
吟 KWYN
呛 KWBn
吻 KQRt
吭 KYMn
邑 KCB
囤 LGBn
吮 KCQn
岖 MAQy
牡 TRFG
佑 WDKg
佃 WLg
伺 WNGk
囱 TLQI
肛 EAg
肘 EFY
甸 QLd
狈 QTMY
鸠 VQYG
彤 MYEt
灸 QYOu
刨 QNJH
庇 YXXv
吝 YKF
庐 YYNE
闰 UGd
兑 UKQB
灼 OQYy
沐 ISY
沛 IGMH
汰 IDYy
沥 IDLn
沦 IWXn
汹 IQBH
沧 IWBn
沪 IYNt
忱 NPqn
诅 YEGg
诈 YTHf
罕 PWFj
屁 NXXv
坠 BWFF
妓 VFCy
姊 VTNT
妒 VYNT
纬 XFNH

**八画**

玫 GTy
卦 FFHY
坷 FSKg
坯 FGIG
拓 RDg
坪 FGUh
坤 FJHH
拄 RYGg
拧 RPSh
拂 RXJH
拙 RBMh
拇 RXGu
拗 RXLn
茉 AGSu
昔 AJF
苛 ASkf
苫 AHKf
苟 AQKF
苞 AQNb
茁 ABMj
苔 ACKf
枉 SGG
枢 SAQy
枚 STY
枫 SMQy
杭 SYMn
郁 DEBh
矾 DMYy
奈 DFIu
奄 DJNb
殴 AQMc
歧 HFCy
卓 HJJ
昙 JFCU
哎 KAQy
咕 KDG
呵 KSKg
咙 KDXn
呻 KJHh
咒 KKMb
咆 KQNn
咖 KLKg
帕 MHRg
账 MTAy
贬 MTPy
贮 MPGg
氛 RNWv
秉 TGVi
岳 RGMj
侠 WGUw
侥 WATQ
侣 WKKg
侈 WQQy
卑 RTFJ
刽 WFCJ
刹 QSJh
肴 QDEf
觅 EMQb
忿 WVNU
瓮 WCGn
肮 EYMn
肪 EYN
狞 QTPs
庞 YDXv
疟 UAGD
疙 UTNv
疚 UQYi
卒 YWWF
氓 YNNA
炬 OANg
沽 IDG
沮 IEGg
泣 IUG
泞 IPSh
泌 INTt
沼 IVKg
怔 NGHg
怯 NFCY
宠 PDXb
宛 PQbb
衩 PUCy
祈 PYRh
诡 YQDb
帚 VPMh
屉 NANv
弧 XRCy
弥 XQIy
陋 BGMn
陌 BDJg
函 BIBk
姆 VXgu
虱 NTJi

叁 CDDf
绅 XJHh
驹 CQKg
绊 XUFh
绎 XCFh

### 九画

契 DHVd
贰 AFMi
玷 GHKg
玲 GWYc
珊 GMMg
拭 RAAg
拷 RFTn
拱 RAWy
挟 RGUw
垢 FRgk
垛 FMSy
拯 RBIg
荆 AGAj
茸 ABF
茬 ADHF
荚 AGUW
茵 ALDu
茴 ALKF
荞 ATDJ
荠 AYJJ
荤 APLJ
荧 APOu
荔 ALLl
栈 SGT
柑 SAFg
栅 SMMg
柠 SPSh
枷 SLKg
勃 FPBl
柬 GLIi
砂 DItt
泵 DIU
砚 DMQn
鸥 AQQG
轴 LMg
韭 DJDG
虐 HAAg
昧 JFIy
盹 HGBn
咧 KGQj
昵 JNXn
昭 JVKg
盅 KHLf
勋 KMLn
哆 KQQy
咪 KOY
哟 KXqy
幽 XXMk
钙 QGHn
钝 QGBN
钠 QMWy
钦 QQWy
钧 QQUG
钮 QNFg
毡 TFNK
氢 RNCa
秕 TXXn
俏 WIEg
俄 WTRt
俐 WTJh
侯 WNTd
徊 TLKg
衍 TIFh
胚 EGIg
胧 EDXn
胎 ECKg
狰 QTQH
饵 QNBG
峦 YOMj
奕 YODu
咨 UQWK
飒 UMQY
闺 UFFD
闽 UJI
籽 OBg
娄 OVf
烁 OQIy
炫 OYXy
洼 IFFG
柒 IASu
涎 ITHP
洛 ITKg
恃 NFFy
恍 NIQn
恬 NTDg
恤 NTLg
宦 PAHh
诫 YAAH
诬 YAWw
祠 PYNK
诲 YTXu
屏 NUAk
屎 NOI
逊 BIPi
陨 BKMy
姚 VIQn
娜 VVFb
蚤 CYJu
骇 CYNW

### 十画

耘 DIFC
耙 DICn
秦 DWTu
匿 AADK
埂 FGJq
捂 RGKG
捍 RJFh
袁 FKEu
捌 RKLJ
挫 RWWf
挚 RVYR
捣 RQYM
捅 RCEh
埃 FCTd
耿 BOy
聂 BCCu
荸 AFPB
莽 ADAj
莱 AGOu
莉 ATJj
莹 APGY
莺 APQg
梆 SDTb
栖 SSG
桦 SWXf
栓 SWGg
桅 SQDb
桩 SYFg
贾 SMU
酌 SGQy
砸 DAMH
砰 DGUh
砾 DQIy
殉 GQQj
逞 KGPd
哮 KFTb
唠 KAPl
哺 KGEy
剔 JQRJ
蚌 JDHh
蚜 JAHt
畔 LUFh
蚣 JWCy
蚪 JUFH
蚓 JXHh
哩 KJFg
圃 LGEY
鸯 MDQg
唁 KYG
哼 KYBh
唆 KCWt
峭 MIeg
唧 KVCB
峻 MCWt
赂 MTKg
赃 MYFg
钾 QLH
铆 QQTb
氨 RNPv
秫 TSYy
笆 TCB
俺 WDJN
赁 WTFM
倔 WNBm
殷 RVNc
耸 WWBf
舀 EVF
豺 EEFt
豹 EEQY
颁 WVDm
胯 EDFn
胰 EGXw
脐 EYJh
脓 EPEy
逛 QTGP
卿 QTVB
鸵 QYNX
鸳 QBQg
馁 QNEv
凌 UFWt
凄 UGVV
衷 YKHE
郭 YBBh
斋 YDMj
疹 UWEe
紊 YXIU
瓷 UQWN
羔 UGOu
烙 OTKg
浦 IGEY
涡 IKMw
涣 IQMd
涤 ITSy
涧 IUJG
涕 IUXT
涩 IVYh
悍 NJFh
悯 NUYy
窍 PWAN
诺 YADk
诽 YDJd
袒 PUJG
谆 YYBG
祟 BMFi
恕 VKNu
娩 VQKq
骏 CCWt

### 十一画

琐 GIMy
麸 GQFW
琉 GYCq
琅 GYVe
措 RAJg
捺 RDFI
捶 RTGF
赦 FOTy
埠 FWNf
捻 RWYN
掐 RQVg
掂 RYHk
掖 RYWy
掷 RUDB
掸 RUJF
掺 RCDe
勘 ADWL
聊 BQTb
娶 BCVf
菱 AFWT
菲 ADJd
萎 ATVf
菩 AUKf
萤 APJu
乾 FJTn
萧 AVIj
萨 ABUt
菇 AVDf
彬 SSEt
梗 SGJQ
梧 SGKg
梭 SCWt
曹 GMAj
酝 SGFc
酗 SGQB
厢 DSHd
硅 DFFg
硕 DDMy
奢 DFTj
盔 DOLf
匾 AYNA
颅 HNDM
彪 HAME
眶 HAGg
晤 JGKg
曼 JLCu
晦 JTXu
冕 JQKQ
啡 KDJd
畦 LFFg
趾 KHHg
啃 KHEg
蛆 JEGG
蚯 JRGG
蛉 JWYC
蛀 JYGg
唬 KHAM
啰 KLQY
唾 KTGf
啤 KRTf
啥 KWFK
啸 KVIj
崎 MDSk

逻 LQPi
崔 MWYf
崩 MEEf
婴 MMVf
赊 MWFi
铐 QFTN
铛 QIVg
铝 QKKg
铡 QMJh
铣 QTFQ
铭 QQKg
矫 TDTJ
秸 TFKG
秽 TMQy
笙 TTGF
笤 TVKf
偎 WLGE
傀 WRQc
躯 TMDQ
兜 QRNQ
衅 TLUf
徘 TDJD
徙 THHy
舶 TERg
舷 TEYX
舵 TEPX
敛 WGIT
翎 WYCN
脯 EGEy
逸 QKQP
凰 MRGd
猖 QTJJ
祭 WFIu
烹 YBOu
庶 YAOi
庵 YDJN
痊 UWGd
阎 UQVD
阐 UUJf
眷 UDHF
焊 OJFh
焕 OQMd
鸿 IAQG
涯 IDFf
淑 IHIC
淌 IIMk
淮 IWYg
淆 IQDe
渊 ITOh
淫 IETf
淳 IYBg
淤 IYWU
淀 IPGH
涮 INMj
涵 IBIb
惦 NYHk
悴 NYWF
惋 NPQB
寂 PHic
窒 PWGf
谍 YANs
谐 YXXR
裆 PUIV
袱 PUWD
祷 PYDf
谒 YJQn
谓 YLEg
谚 YUTe
尉 NFIF
堕 BDEF
隅 BJMy
婉 VPQb
颇 HCDm
绰 XHJh
绷 XEEg
综 XPfi
绽 XPGh
缀 XCCc
巢 VJSu

### 十二画

琳 GSSy
琢 GEYy
琼 GYIY
揍 RDWD
堰 FAJV
揩 RXXR
揽 RJTq
揖 RKBg
彭 FKUE
揣 RMDj
搀 RQKU
搓 RUDa
壹 FPGu
搔 RCYJ
葫 ADEF
募 AJDL
蒋 AUQf
蒂 AUPh
韩 FJFH
棱 SFWt
椰 SBBh
焚 SSOu
椎 SWYg
棺 SPNn
榔 SYVb
椭 SBDe
粟 SOU
棘 GMII
酣 SGAF
酥 SGTY
硝 DIEg
硫 DYCq
颊 GUWM
雳 FDLB
翘 ATGN
凿 OGUb
棠 IPKS
晰 JSRh
鼎 HNDn
喳 KSJg
遏 JQWP
晾 JYIY
畴 LDTf
跋 KHDC
跛 KHHC
蛔 JLKg
蜒 JTHP
蛤 JWgk
鹃 KEQg
喻 KWGJ
啼 KUph
喧 KPgg
嵌 MAFw
赋 MGAh
赎 MFNd
赐 MJQr
锉 QWWf
锌 QUH
甥 TGLL
掰 RWVR
氮 RNOo
氯 RNVi
黍 TWIu
筏 TWAr
牍 THGD
粤 TLOn
逾 WGEP
腌 EDJN
腋 EYWY
腕 EPQb
猩 QTJG
猬 QTLE
惫 TLNu
敦 YBTy
痘 UGKU
痢 UTJk
痪 UQMd
竣 UCWt
翔 UDNG
奠 USGD
遂 UEPi
焙 OUKg
滞 IGKh
湘 ISHG
渤 IFPl
渺 IHIT
溃 IKHm
溅 IMGT
湃 IRDf
愕 NKKn
惶 NRGG
寓 PJMy
窖 PWTK
窘 PWVK
雇 YNWY
谤 YUPy
犀 NIRh
隘 BUWl
媒 VAFs
媚 VNHg
婿 VNHE
缅 XDMD
缆 XJTq
缔 XUPh
缕 XOVg
骚 CCYJ

### 十三画

瑟 GGNt
鹉 GAHG
瑰 GRQc
搪 RYVk
聘 BMGn
斟 ADWF
靴 AFWX
靶 AFCn
蓖 ATLx
蒿 AYMk
蒲 AIGY
蓉 APWk
楔 SDHd
椿 SDWJ
楷 SXxr
榄 SJTQ
楞 SLyn
楣 SNHg
酪 SGTK
碘 DMAw
硼 DEEg
碉 DMFk
辐 LGKl
辑 LKBg
频 HIDm
睹 HFTj
睦 HFwf
瞄 HALg
嗜 KFTJ
嗦 KFPI
暇 JNHc
畸 LDSk
跷 KHAQ
跺 KHMs
蜈 JKGd
蜗 JKMw
蜕 JUKq
蛹 JCEH
嗅 KTHD
嗡 KWCn
嗤 KBHJ
署 LFTJ
蜀 LQJu
幌 MHJQ
锚 QALg
锥 QWYg
锨 QRQw
锭 QPgh
锰 QBLg
稚 TWYg
颓 TMDM
筷 TNNw
魁 RQCF
衙 TGKh
腻 EAFm
腮 ELNY
腺 ERIy
鹏 EEQg
肄 XTDH
猿 QTFE
颖 XTDm
煞 QVTo
雏 QVWy
馍 QNAD
馏 QNQL
禀 YLKI
痹 ULGJ
廓 YYBb
痴 UTDK
靖 UGEg
誊 UDYF
漓 IYBC
溢 IUWl
溯 IUBe
溶 IPWK
滓 IPUh
溺 IXUu
寞 PAJd
窥 PWFQ
窟 PWNm
寝 PUVC
褂 PUFH
裸 PUJS
谬 YNWE
媳 VTHN
嫉 VUTd
缚 XGEf
缤 XPRw
剿 VJSJ

### 十四画

赘 GQTM
熬 GQTO
赫 FOFo
蔫 AGHO
摹 AJDR
蔓 AJLc
蔗 AYAo
蔼 AYJn
熙 AHKO
蔚 ANFf
兢 DQDq
榛 SDWT
榕 SPWK
酵 SGFB
碟 DANs
碴 DSJg
碱 DDGt
碳 DMDo
辕 LFKe
辖 LPDK
雌 HXWy
墅 JFCF
嘁 KDHT
踊 KHCe
蝉 JUJF
嘀 KUMd
幔 MHJC
镀 QYAc
舔 TDGN
熏 TGLo
箍 TRAh
箕 TADw
箫 TVIJ
舆 WFLw
僧 WULj
孵 QYTB
瘩 UAWk
瘟 UJLd
彰 UJEt
粹 OYWf
漱 IGKW
漩 IYTH
漾 IUGI
慷 NYVi
寡 PDEv
寥 PNWe
谭 YSJh
褐 PUJN
褪 PUVP
隧 BUEp
嫡 VUMd
缨 XMMv

### 十五画

撵 RFWL
撩 RDUi
撮 RJBc
撬 RTFN
擒 RWYC
墩 FYBt
撰 RNNW
鞍 AFPv
蕊 ANNn
蕴 AXJl
樊 SQQD
樟 SUJh
橄 SNBt
敷 GEHT
豌 GKUB
醇 SGYB
磕 DFCl
磅 DUPy
碾 DNAe
憋 UMIN
嘶 KADr
嘲 KFJe
嘹 KDUI
蝠 JGKL
蝎 JJQn
蝌 JTUf
蝗 JRgg
蝙 JYNA
嘿 KLFo
幢 MHUf
镊 QBCc
镐 QYMk
稽 TDNJ
篓 TOVf
膘 ESFi
鲤 QGJF
鲫 QGVB
褒 YWKe
瘪 UTHX
瘤 UQYL
瘫 UCWY
凛 UYLi
澎 IFKE
潭 ISJh
潦 IDUI
澳 ITMd
潘 ITOL
澈 IYCT
澜 IUGI
澄 IWGU
憔 NWYO
懊 NTMd
憎 NULj
翩 YNMN
褥 PUDF
谴 YKHP
鹤 PWYg
憨 NBTN
履 NTTt
嬉 VFKk
豫 CBQe
缭 XDUi

### 十六画

撼 RDGN
擂 RFLg
擅 RYLg
蕾 AFLF
薛 AWNU
薇 ATMt
擎 AQKR
翰 FJWn
噩 GKKK
橱 SDGF
橙 SWGU
瓢 SFIY
蟥 JAMw
霍 FWYF
霎 FUVf
辙 LYCt
冀 UXLw
踱 KHYC
蹂 KHCS
蟆 JAJD
螃 JUPy
螟 JPJu
噪 KKKS
鹦 MMVG
黔 LFON
穆 TRIe
篡 THDC
篷 TTDP
篙 TYMK
篱 TYBc
儒 WFDj
膳 EUDK
鲸 QGYi
瘾 UBQn
瘸 ULKW
糙 OTFp
燎 ODUI
濒 IHIM
憾 NDGN
懈 NQeh
窿 PWBg
缰 XGLg

### 十七画

壕 FYPe
藐 AEEq
檬 SAPe
檐 SQDY
檩 SYLI
檀 SYLg
礁 DWYo
磷 DOQh
瞭 HDUI
瞬 HEPh
瞳 HUjf
瞪 HWGu
曙 JLfj
蹋 KHJN
蟋 JTOn
蟀 JYXf
嚎 KYPe
赡 MQDy
镣 QDUi
魏 TVRc
簇 TYTd
儡 WLLl
徽 TMGT
爵 ELVf
朦 EAPe
臊 EKKS
鳄 QGKN
糜 YSSO
癌 UKKm
懦 NFDJ
豁 PDHK
臀 NAWE

### 十八画

藕 ADIY
藤 AEUi
瞻 HQDy
嚣 KKDK
鳍 QGFJ
癞 UGKM
瀑 IJAi
襟 PUSi
璧 NKUY
戳 NWYA

### 十九画

攒 RTFM
孽 AWNB
蘑 AYSd
藻 AIKs
鳖 UMIG
蹭 KHUJ
蹬 KHWU
簸 TADC
簿 TIGf
蟹 QEVJ
靡 YSSD
癣 UQGd
羹 UGOD

### 二十画

鬓 DEPW
攘 RYKe
蠕 JFDJ
巍 MTVc
鳞 QGOh
糯 OFDj
譬 NKUY

### 二十一画

霹 FNKu
躏 KHAY
髓 MEDp

### 二十三画

蘸 ASGO
镶 QYKe
瓤 YKKY

### 二十四画

矗 FHFH

# 走近 GB 18030 编码标准

1946 年计算机在美国诞生,计算机中使用的字符主要是英文字母和各种符号,由于计算机只能接受数字信息,这就需要将各种字母和字符用数字来表示,以便计算机能够接受和处理。ASCII 码(American Standard Code for Information Interchange,美国标准信息交换码)是目前计算机最通用的编码标准,它是由美国国家标准局(ANSI)制定的,同时已被国际标准化组织(ISO)定为国际标准,称为 ISO 646 标准。

ASCII 码适用于所有拉丁文字字母,有 7 位码和 8 位码两种形式。8 位也就是 1 个字节一共可以组合出 256(2 的 8 次方)种不同的状态。其中的编号 0 ~ 127 表示的是控制符、空格、标点符号、数字、大小写字母等符号,这些符号被叫做基本的 ASCII 字符;128 ~ 255 的字符集被称为“扩展字符集”,它主要针对世界各地的计算机用户,特别是不使用英文的国家,他们可以将自己的字母和符号在扩展集中进行编码。

当计算机进入中国后,数量众多的汉字又是如何编码的呢?

## 一、漫话中文编码的演变

常用汉字有 6 000 多个,显然不是 256 个编码所能容下的。于是在保留基本的 ASCII 码基础上,将扩展的 ASCII 码改变为中文字符的编码。具体规则是:1 个小于 127 的字符的意义与原来 ASCII 码相同,但 2 个大于 127 的字符连在一起时,就表示一个汉字,这样不但组合出了近 7 000 个简体汉字,还将数字、标点、字母、数学符号、罗马字母、希腊字母、汉语拼音、日文等都重新编为 2 个字节长的编码,这就是常说的“全角”字符,而原来在 127 号以下的那些单字节的字符就叫“半角”字符。这一中文编码称为 GB 2312 码,它是中华人民共和国国家汉字信息交换用编码,全称《信息交换用汉字编码字符集——基本集》,由国家标准总局发布,1981 年 5 月 1 日实施,通行于中国大陆和新加坡等地。GB 2312收录简化汉字及符号、字母、日文假名等共 7 445 个图形字符,其中汉字占 6 763个。

GB 2312 是对 ASCII 码的中文扩展,其中包含的汉字仅仅是常用字部分,很快大家发现在计算机中有很多汉字无法打出来。于是不得不对 GB 2312 进行扩展,于是规定双字节中只要第一个字节是大于 127 就固定表示这是一个汉字的开始,而不管后面一个字节是不是扩展字符集里的内容,这样扩展之后的编码方案被称为 GBK 标准,由全国信息技术化技术委员会于 1995 年 12 月 1 日制定出《汉字内码扩展规范》。GBK 向下与 GB 2312完全兼容,向上支持 ISO—10646 国际标准,在前者向后者过渡过程中起到承上启下的作用。GBK 共收入 21 886 个汉字和图形符号,其中包含了 20 902 个汉字。

微软公司自 Windows 95 简体中文版开始支持 GBK 代码,标准叫法是 Windows codepage 936,也叫做 GBK(国标扩展),它也是 8-bit 的变长编码。随着 Windows 的普及和常用的多种中文输入法的支持,GBK 已经得到了广泛的使用,但由于体系结构和代码空间上,仍然不同于 ISO/IEC 10646 和 Unicode,目前仍有一些搜索引擎不能很好地支持

GBK 汉字。

## 二、认识 Unicode

显然 GBK 字集仍然不能包含所有的汉字和符号，例如台湾的 BIG 5 字集、香港增补字符集(HKSCS)以及藏文、蒙古文和维吾尔文等主要的少数民族文字。在双字节的中文字集不断扩展的同时也存在代码空间的限制，这就特别需要一种国际通用标准来解决这一瓶颈问题。

随着计算机性能的增强，特别是存储能力的提高，ISO（国际标准化组织）的一种国际标准编码 Unicode 应运而生并得到了普遍的应用。Unicode(统一码、万国码、单一码)是一种在计算机上使用的字符编码。它为每种语言中的每个字符设定了统一并且唯一的二进制编码，以满足跨语言、跨平台进行文本转换、处理的要求。1990 年开始研发，1994 年正式公布。Unicode 规定用 2 个字节，也就是 16 位来统一表示所有的字符，它与 ANSI 码不兼容，其最多可以容纳 1 114 112 个字符。Unicode 字符集可以简写为 UCS(Unicode Character Set)，Unicode 标准早期有 UCS-2 和 UCS-4，UCS-2 是用 2 个字节编码，UCS-4 是用 4 个字节编码。在 Unicode 中，将数字表示成程序中的数据方式有多种，例如 UTF-8、UTF-16、UTF-32 等。UTF 是"UCS Transformation Format"的缩写，可以翻译成 Unicode 字符集转换格式，即怎样将 Unicode 定义的数字转换成程序数据。

从 Windows NT 开始，微软公司把操作系统的核心代码改成了用 Unicode 方式工作的版本，从这时开始，Windows 系统终于无需要加装各种本土语言系统，就可以显示全世界所有文化的字符了。

## 三、一统国标与国际的 GB 18030

为了适应 Unicode 标准的要求，在原来的 GB 2312—1980 编码标准和 GBK 编码标准的基础上进行扩充，形成了我国的 GB 18030—2000 编码标准。GB 18030—2000 编码标准是由信息产业部和国家质量技术监督局在 2000 年 3 月 17 日联合发布的，并且将作为一项国家标准在 2001 年 1 月正式强制执行。它采用单/双/四字节混合编码，也就是说其编码是变长的，其二字节部分与 GBK 兼容，同时增加了四字节部分的编码，可以完全映射 ISO 10646 的基本平面和所有辅助平面，共有 150 多万个码位。在 ISO 10646 的基本平面内，它在原来的 2 万多汉字的基础上增加了 7 000 多个汉字的码位和字型，从而使基本平面的汉字到达 27 000 多个。它的主要目的是为了解决一些生、偏、难字的问题，以及适应出版、邮政、户政、金融、地理信息系统等迫切需要的人名、地名用字问题，也为汉字研究、古籍整理等领域提供了统一的信息平台基础。

目前，GB 18030 有两个版本：GB 18030—2000 和 GB 18030—2005。GB 18030—2000 是 GBK 的取代版本，它的主要特点是在 GBK 基础上增加了 CJK 统一汉字扩充 A 的汉字。GB 18030—2005 的主要特点是在 GB 18030—2000 基础上增加了 CJK 统一汉字扩充 B 的汉字。

## 四、在 Windows 系统中输入 GB 18030 汉字

目前，支持 GB 18030 编码标准的字库和输入法还不是很多，其中拼音输入法主要有微软拼音输入法 2003 版、2007 版，五笔字型输入主要有王码五笔 18030 版、陈桥智能五

笔6.8版、海峰五笔9.3版和新概念五笔2006(GB 18030)专业版等等。在Windows XP系统中,也可以通过“内码”输入法,直接输入Unicode代码实现输入GB 18030汉字。具体方法是:首先,添加“内码”输入法;其次,在输入法状态栏上,点“区位”两字,它改为“UNICODE”;然后,输入汉字的Unicode代码,即可以得到对应的汉字,例如,输入“6666”时,会得到汉字“晦 ”。当然要正确显示出Unicode字集中的汉字还必须安装GB 18030的字集,例如,在系统中安装宋体-18030、新宋体-18030等字集。

# 智能 ABC 输入法简介

智能 ABC 输入法是中文 Windows 中自带的一种汉字输入方法,由北京大学的朱守涛先生发明。它简单易学、快速灵活,受到用户的青睐。智能 ABC 是一种以拼音为主,兼顾简拼、混拼和笔形的多功能、智能型汉字输入法。它具有大约 6 万词条,其词库以《现代汉语词典》为蓝本,同时还收入了一些常见的方言词语、地名和专门术语。智能 ABC 输入法的"智能"体现在:

• 具有全拼、简拼、混拼和笔形等多种编码混合输入功能。

• 无需切换输入状态可以直接输入汉字、英文字母、中文数字和特殊符号。

• 能够自动记忆词库中没有的新词,也可以由用户直接输入新词。标准拼音词最大长度为 9 个字,自动记忆的新词可以和基本词汇库中的词条一样使用。

• 能够自动记忆并调整词的使用频度,将经常使用的词调整到前面,便于用户选择。

• 允许输入长词或短句。智能 ABC 允许输入 40 个字符以内的字符串,还可以使用光标移动键进行插入、删除、取消等操作。



**一、智能 ABC 的常用方法**

(1)全拼、简拼与混拼相结合的输入

全拼是指取每个字的所有声母和韵母;简拼是指取各个音节的第一个字母,对于包含 zh、ch、sh(知、吃、诗)的音节,也可以取前 2 个字母组成;混拼是指 2 个音节以上的拼音码,有的音节全拼,有的音节简拼。



例如:词汇"学生",全拼码为"xuesheng",简拼码为"xsh"或"xs",混拼码为"xuesh"或"xsheng"等。

当词的编码出现混淆时,应正确使用隔音符号(即单引号)将词中的各个字隔开。例如,"长安"的编码如果输入为"changan"则不正确,其编码应该为"chang'an"。

(2)字母"v"的使用

在智能 ABC 的拼音输入状态中,如果需要输入英文,可以不必切换到英文方式。直接键入字母"v"再输入想输入的英文,按空格键即可。例如,输入"venglish"按空格,就会得到"english"。

在智能 ABC 输入法的中文输入状态下,还可以用字母"v"作前导字符输入图形符号。通过输入"v1 ~ v9"就可以输入 GB—2312 字符集 1 ~ 9 区中的各种符号。例如,想输入"★",就可以输入"v1",再按"+"键选择就可以得到"★";又如,想输入"¥",可以输入"v3"然后选择"4"即可。

(3)字母"i"的使用

智能 ABC 还提供了阿拉伯数字和中文大小写数字的转换功能,还可以对一些常用量词进行简化输入。小写字母"i"为输入小写中文数字的前导字符,大写字母"I"为输入大写中文数字的前导字符。例如,输入"i4"就可以得到"四",输入"I4"就会得到"肆"。输入"i2005"就会得到"二〇〇五"。"i"或"I"后面直接按空格键或回车键,则转换为"一"或"壹"。此外,输入"i+"会得到"加",同样"i-"、"i*"、"i/"对应"减"、"乘"、"除"。

对一些常用量词也可以使用字母"i"简化输入。例如,输入"ig",按空格键,可以得到"个",又如,输入"it"可以得到"吨"。此外,"i"或"I"后面可以直接按中文标点符号键(除"?"),则转换为"一+该标点"或"壹+该标点"。例如,输入"i5\",可以得到"五、"。

(4)音形组合编码

在智能ABC输入法中,为了提高汉字输入的效率,进一步减少重码率,在保留拼音编码的同时增加了笔画编码,从而形成音形组合码的形式。按照基本的笔画形状,将笔画分为8类,见下表。

| 笔形代码 | 笔形名称 | 笔 形 | 说 明 |
|---|---|---|---|
| 1 | 横(提) | 一 | |
| 2 | 竖 | 丨 | |
| 3 | 撇 | 丿 | |
| 4 | 点(捺) | 丶(㇏) | |
| 5 | 折 | ㇇ ㇉ | 顺时针方向 |
| 6 | 弯 | ㄥ 乙 | 逆时针方向弯曲,多折笔画以尾为准 |
| 7 | 叉 | 十(㐅) | 交叉笔画只限于正叉 |
| 8 | 方 | 口 | 四边整齐的方框 |

汉字应按笔画顺序取码,最多取6笔。取码原则与五笔字型相同即为"取大优先",具体说:含有笔形"+(7)"和"□(8)"的结构,应按笔形代码7或8取码,而不将它们分割成简单笔形代码1~6。例如:汉字"难"笔形描述为"543241","呆"笔形描述为"8734"。

音形组合码输入可以极大地减少重码率,其编码规则为:(拼音+[笔形描述])+(拼音+[笔形描述])+……+(拼音+[笔形描述])。其中,"拼音"可以是全拼、简拼或混拼。对于多音节词的输入,"拼音"一项是不可少的;"[笔形描述]"项可以省略。例如,输入"难字",其编码可以为"n543241"或"n54";输入"学生",其编码可以为"x4s"或"xs3"等等。

**二、智能ABC的使用技巧**

(1)以词定字输入功能

无论是标准库中的词,还是用户自己定义的词,都可以用来定字。用以词定字法输入单字,可以减少重码。方法是用"["取第一个字、"]"取最后一个字。例如,键入"fudao",即"辅导"的全拼输入码:若按空格键得到"辅导";若按"["则得到"辅",按"]"则得到"导"。

(2)使用双打输入

智能ABC为专业录入人员提供了一种快速的双打输入。在双打方式下输入一个汉字,只需要击键2次:奇次为声母,偶次为韵母(复合的声母和韵母的键盘分布略)。使用双打能减少击键次数,提高输入速度。

〔注意〕

在双打方式中，由于字母“v”替代声母“sh(诗)”，所以不能使用“v+区号”的方式来输入1~9区的字符，也不能使用“v+英文字串”输入英文。

(3)自定义词语和短句

用户自定义的词属于外来词，新词被加入到用户库中。增添用户自定义新词的操作是：在打开着的输入状态条上，单击鼠标右键，弹出菜单，选菜单中的“定义新词”一项，然后填写弹出的定义新词对话框。允许定义的非标准词最大长度为15字；输入码最大长度为9个字符；最大词条容量为400条。例如，使用强制记忆的方法将“中华人民共和国”定义为“zh”，以后需要输入“中华人民共和国”时，只需要输入代码“uzh”。

(4)利用朦胧回忆功能

对于刚刚用过不久的词条，可以使用最简单的办法依据不完整的信息进行回忆，这个过程称为朦胧回忆。朦胧回忆的功能是通过按CTRL+“-”键完成的。例如，假设不久前输入过下面这些词汇：电子计算机、彩色电视机、全自动洗衣机。如果想再次输入“彩色电视机”，先键入“彩”字的声母“C”，再按CTRL+“-”，就可以看到不久前曾经输入过的词汇，选择相应的条目即可。

**三、结束语**

如果你拼音不错，键盘也熟练，可以采用标准变换方式，输入过程以全拼为主，其他方式为辅。如果你对拼音不熟，而且有方言口音则建议以简拼加笔形的方式为主，辅之以其他方法。完全不懂拼音，只能按音形组合的方式编码输入。

建立比较明确的“词”的概念，尽量地按词、词组、短语输入。最常用的双音节词可以用简拼输入，一般常用词可采取混拼或者简拼加笔形描述。不同使用者经常使用的词条可能有较大的偏差，为此，智能ABC设计了词频调整记忆功能。选中属性设置中的“词频调整”选项后，词频调整就开始自动进行了。

注意：少量双音节词，特别是简拼为“zz、yy、ss、jj”等结构的词，需要在全拼基础上增加笔形描述。比如：输入“自主”时，如果键入“zz”，要翻好多页才能找到这个词，如果键入“ziz”，就可以直接选择该条目，如果键入“zizhu”，那么直接敲空格键就行了。

重码高的单字，特别是“yi、ji、qi、shi、zhi”等音节的单字，可以全拼加笔形输入。比如：要输入“师”，可以键入“shi2”，重码数量大大减少。

总之，智能ABC在拼音输入的基础上又构建了音形组合的形式，同时其具有了多项智能化处理，从而大大地提高了输入速度。同时，还应充分利用“以词定字”的功能来输入单字。不要完全局限于某一种方式，而应根据自己的特点选择采用多种输入方式，这样才能够充分利用智能ABC的智能特色。

# 中华人民共和国国家标准

# 校对符号及其用法　GB/T 14706—93

Proofreader's marks and their application

1　主要内容与适用范围

本标准规定了校对各种排版校样的专用符号及其用法。

本标准适用于中文(包括少数民族文字)各类校样的校对工作。

2　引用标准

GB 9851　印刷技术术语

3　术语

3.1　校对符号 proofreader's mark

以特定图形为主要特征的、表达校对要求的符号。

4　校对符号及用法示例

| 编号 | 符号形态 | 符号作用 | 符号在文中和页边用法示例 | 说　明 |
|---|---|---|---|---|
| 一、字符的改动 | | | | |
| 1 | | 改　正 | 增高出版物质量。（提）<br>改革开攷（放） | 改正的字符较多,圈起来有困难时,可用线在页边画清改正的范围<br>必须更换的损、坏、污字也用改正符号画出 |
| 2 | | 删　除 | 提高出版物物质质量。 | |
| 3 | | 增　补 | 要搞好校工作。（对） | 增补的字符较多,圈起来有困难时,可用线在页边画清增补的范围 |
| 4 | | 改正上下角 | 16=42<br>H2SO4<br>尼古拉.费欣<br>0.25+0.25=0.5<br>举例.2×3=6<br>X.Y=1∶2 | |



国家技术监督局 1993-11-16 批准　　1994-07-01 实施

续表

| 编号 | 符号形态 | 符号作用 | 符号在文中和页边用法示例 | 说　明 |
|---|---|---|---|---|
| 二、字符方向位置的移动 | | | | |
| 5 | | 转　正 | 字符颠倒要转正。 | |
| 6 | | 对　调 | 认真经验总结，<br>认真验结经总。 | 用于相邻的字词<br>用于隔开的字词 |
| 7 | | 接　排 | 要重视校对工作，<br>提高出版物质量。 | |
| 8 | | 另起段 | 完成了任务。明年…… | |
| 9 | | 转　移 | 校对工作，提高出<br>版物质量要重视。<br>"。以上引文均见中文新版《<br>列宁全集》。<br>编者　年　月<br>……<br>各位编委： | 用于行间附近的转移<br>用于相邻行首末衔接字符的推移<br>用于相邻页首末衔接行段的推移 |
| 10 | 或 | 上下移 | 序号　名　称　数量<br>01　显微镜　2 | 字符上移到缺口左右水平线处<br>字符下移到箭头所指的短线处 |
| 11 | 或 | 左右移 | 要重视校对工<br>作，提高出版物质量。<br>3 4　5 6　5<br>欢呼　歌　唱 | 字符左移到箭头所指的短线处<br>字符左移到缺口上下垂直线处，符号画得太小时，要在页边重标 |
| 12 | | 排　齐 | 校对工作非常重要。<br>必须提高印刷<br>质量，缩短印制周<br>期。<br>国家标准 | |

续表

| 编号 | 符号形态 | 符号作用 | 符号在文中和页边用法示例 | 说 明 |
|---|---|---|---|---|
| 13 | | 排阶梯形 | $RH_2$ | |
| 14 | | 正 图 | | 符号横线表示水平位置,竖线表示垂直位置,箭头表示上方 |
| **三、字符前空距的改动** | | | | |
| 15 | | 加大空距 | 一、校对程序<br>校对胶印读物、影印书刊的注意事项: | 表示在一定范围内适当加大空距<br>横文字画在字头和行头之间 |
| 16 | | 减小空距 | 二、校对程 序<br>校对胶印读物、影印<br>书刊的注意事项: | 表示不空或在一定范围内适当减小空距<br>横式文字画在字头和行头之间 |
| 17 | | 空 1 字距<br>空 1/2 字距<br>空 1/3 字距<br>空 1/4 字距 | 第一章校对职责和方法<br>1.责任校对 | 多个空距相同的,可用引线连出,只标示一个符号 |
| 18 | | 分 开 | Goodmorning! | 用于外文 |
| **四、其 他** | | | | |
| 19 | △ | 保 留 | 认真搞好校对工作。 | 除在原删除的字符下画△外,并在原删除符号上画两竖线 |
| 20 | ○= | 代 替 | 兰色的程度不同,从淡兰色到深兰色具有多种层次,如天兰色、糊兰色、海兰色、宝兰色……<br>○=蓝 | 同页内有两个或多个相同的字符需要改正的,可用符号代替,并在页边注明 |

附录

续表

| 编号 | 符号形态 | 符号作用 | 符号在文中和页边用法示例 | 说　明 |
| --- | --- | --- | --- | --- |
| 21 | ○○○ | 说　明 | 第一章　校对的职责（改黑体） | 说明或指令性文字不要圈起来，在其字下画圈，表示不作为改正的文字。如说明文字较多时，可在首末各三字下画圈 |

5　使用要求

5.1　校对校样，必须用色笔（墨水笔、圆珠笔等）书写校对符号和示意改正的字符，但是不能用灰色铅笔书写。

5.2　校样上改正的字符要书写清楚。校改外文，要用印刷体。

5.3　校样中的校对引线要从行间画出。墨色相同的校对引线不可交叉。

## 附录 A
## 校对符号应用实例
## （参考件）

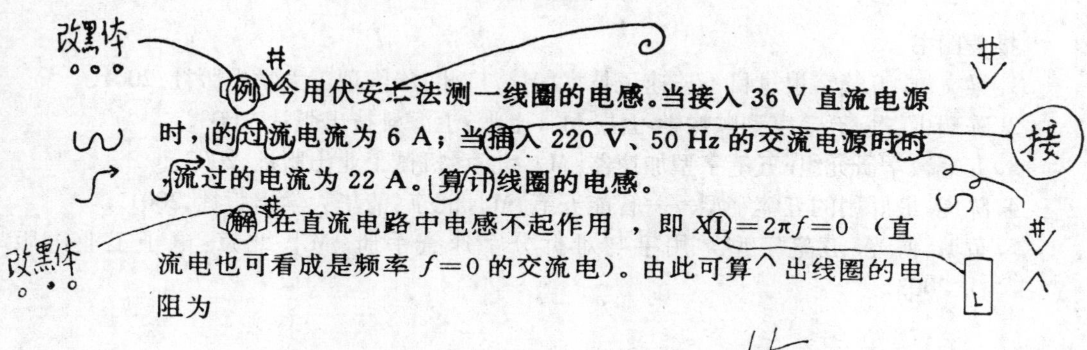

例 今用伏安二法测一线圈的电感。当接入 36 V 直流电源时，的过流电流为 6 A；当插入 220 V、50 Hz 的交流电源时时，流过的电流为 22 A。算计线圈的电感。

解 在直流电路中电感不起作用 ，即 $Xl=2\pi f=0$ （直流电也可看成是频率 $f=0$ 的交流电）。由此可算出线圈的电阻为

$$R=\frac{U}{I}=\frac{36}{6}=6\Omega$$

接在交流电源上，线圈的阴抗为

$$Z=\frac{U}{I}=\frac{220}{22}=10\ \Omega$$

线圈的感抗为 $X_L=\sqrt{Z^2-R^2}=\sqrt{10^2-62}=8\ \Omega$

故线圈的电感为

$$L=\frac{X_L}{2\pi f}=\frac{8}{2\pi\times 50}=0.025\ \text{H}=25\ \text{mH}$$

### 第七节 电容电路

电容器接在直流电源上，如图 3-13 甲所示。电路呈断路状态。若把它接在交流电源上，情况就不一样。电容器板上的电荷与其两端电压的关系为 $q=c_{u_c}$。当电压 uc 升高时，极板上

---

附加说明：

本标准由中华人民共和国新闻出版署提出。

本标准由全国印刷标准化技术委员会归口。

本标准由人民出版社负责起草。

# 推荐书目和网站

## 推荐图书

1. 梁文雄. 五笔字根过目不忘速记技术[M]. 广州:华南理工大学出版社,2001.
2. 陈瑞生,等. 五笔字型顺畅学习法[M]. 上海:上海科技出版社,2003.
3. 五笔教学研究组. 五笔字型加速器[M]. 北京:机械工业出版社,2003.
4. 陈虎. 最好用的五笔字型——智能五笔[M]. 北京:清华大学出版社,2001.
5. 黄塘,傅光. 五笔字型常用字与难拆分字速查手册[M]. 北京:电子工业出版社,2003.

## 推荐网站

1. http://www.wangma.com.cn/ 王码网
2. http://www.znwb.com/ 智能陈桥五笔网
3. http://www.wnwb.com/ 万能五笔网
4. http://wubiwang.com/ 五笔网